THE A–Z OF
CREATIVE DIGITAL
PHOTOGRAPHY

AtoZ
創意影像處理

A to Z 創意影像處理

生活良品046

作　者　李．佛洛司特 (Lee Frost)
翻　譯　莊勝雄

總 編 輯　張芳玲
書系主編　林淑媛
特約編輯　謝志豪
美術設計　許志忠

太雅生活館出版社
TEL：(02)2880-7556 FAX：(02)2882-1026 E-MAIL：taiya@morningstar.com.tw
郵政信箱：台北市郵政53-1291號信箱
太雅網址：http://taiya.morningstar.com.tw
購書網址：http://www.morningstar.com.tw

發 行 所　太雅出版有限公司
台北市111劍潭路13號2樓
行政院新聞局局版台業字第五〇〇四號

承　製　知己圖書股份有限公司 台中市407工業區30路1號
TEL：(04)2358-1803

總 經 銷　知己圖書股份有限公司
台北公司　台北市106羅斯福路二段95號4樓之3
TEL：(02)2367-2044 FAX：(02)2363-5741
台中公司　台中市407工業區30路1號
TEL：(04)2359-5819 FAX：(04)2359-5493
郵政劃撥　15060393
戶　名　知己圖書股份有限公司

廣告刊登　太雅廣告部
TEL：(02)2880-7556　E-mail：taiya@morningstar.com.tw

初　版　西元2007年9月1日
定　價　330元
(本書如有破損或缺頁，請寄回本公司發行部更換，或撥讀者服務專線04-23595819)

ISBN　978-986-6952-66-1
Published by TAIYA Publishing Co.,Ltd.
Printed in Taiwan

國家圖書館出版品預行編目資料

A to Z創意影像處理 / 李. 佛洛司特(Lee Frost)作；
莊勝雄譯. -- 初版. - 臺北市： 太雅, 2007. 09
面； 公分. - (生活良品 ；46)
譯自：The A-Z of creative digital photography : inspirational techniques explained in full

ISBN 978-986-6952-66-1(平裝)

1.數位影像處理

312.9837　　96015452

THE A–Z OF
CREATIVE DIGITAL
PHOTOGRAPHY

AtoZ
創意影像處理

李·佛洛司特(Lee Frost)◎著
莊勝雄◎譯

太雅生活館

Contents

前言

當David & Charles出版社第一次建議我寫一本有關數位創意技法的書時，我不得不承認，那時是有點兒害怕和驚慌。和很多攝影專業人士比起來，我的數位影像處理知識真的十分淺薄。我是有一部數位相機，但以今天的標準來看，那只能算是一架功能最陽春的消費型數位相機，只適合用來拍拍快照，而且，我雖然已經使用了好幾年的Photoshop，但碰到緊要關頭，還是會在相機裡裝上軟片，並到暗房裡沖印自己的照片，在刺鼻的藥水味裡忙得不亦樂乎。

但我對這個提議想得愈多，就愈了解到，缺乏經驗反而可能是好事，因為這可以讓我從初學者的角度下筆，假設讀者們也同樣不懂，因而能夠以最簡單的方式來說明一切。和其他攝影領域比起來，數位影像的初學者更需要抱持這樣的心態，原因很簡單，因為這個領域裡要學的東西太多了，而且很容易就會讓初學者對這項全新的科技感到困惑與挫折。

我常常是這樣的：聆聽經驗豐富的Photoshop專家們討論圖層、曲線、混合模式、漸層圖像和顏色參數檔等等，並且假裝真的聽懂他們所講的每一句話，但事實上，我在聽到第一句話的一半時就已經如墮五里霧。這好像在聽外國話，偏偏我一向就沒有語言天分。

不過，經過六個月的摸索後，我已經可以信心滿滿地說，這並不如你想像的那般可怕。還有很多是我不懂的，而且可能永遠都不會懂，但在我坐下來開始寫本書時，我很快就了解到，想要創作出成功的影像，用不著一定要懂得很多數位影像技術——只要了解基本的主要工具和控制選項，這就夠了，因為你會發現自己不斷地回頭去了解這些東西， 而且每一次都能學到新技巧。

事實上，關鍵就是要實際去進行，就是要花時間去嘗試各種方法，不斷實驗，不怕犯錯，敞開心胸，發揮想像力。數位影像最大的優點，就是什麼方法都可以試一試，如果發現效果不好，大可把它刪除，從頭再試一遍，等到滿意了再存檔。而到這時候，你已經又學會一項新的數位技法，將來還可以把它運用到另外很多不同的情況裡。

《A to Z創意影像處理》(*The A-Z of Creative Digital Photography*)的目的，就是要盡量讓初學者在進行這些第一步的嘗試時，不會覺得痛苦，方法則是介紹可以供初學者使用的各種不同技法。

書中不會建議你去買什麼樣的數位相機，也不會教你怎麼掃描照片——市面上已經有很多這一類的書籍，而且寫得比我好很多。相反的，我之所以寫這本書，是假設你已經擁有這些硬體，也已經擁有某種版本的Adobe Photoshop——即使是最基本的Photoshop Elements也可以——現在，你想要知道的是如何處理已經掃描到電腦裡的照片檔，或是從數位相機傳輸到電腦的數位影像檔。

不意外，黑白照片的處理技術在本書占了很大的篇幅，因為，如果要找出數位影像最傑出的地方，那就是這個領域了。以現代家庭來說，想要在家裡設一間暗房，可是件很奢侈的事，而想要好好利用這樣的暗房，所花費的那麼多的閒暇時間，更是一大浪費。但不要因此而使你無法去探索美好的黑白影像世界，尤其是，你的電腦現在已經可以像傳統暗房那樣有效率，而且不需要花太多時間，不但就可以利用原始的彩色照片創作出很成功的黑白影像，還可以實驗各種創意技術，如加深與加亮(dodging and burning)、高反差印相、紅外線、染色、手工上色、淺浮雕、曝光過度、乳膠轉移、把紋理加進照片中，以及藝術輸出，甚至還可重新創造出一些老式的沖印法，像是藍曬法和膠印法，這些都是在電腦出現之前就已經發明的。

所有這些技法都在《A to Z創意影像處理》裡一一介紹。除此之外，你還會讀到一些很有助益的建議，像是如何將柔焦濾鏡效果加進數位影像中、如何改善天空顏色、如何在影像中加進文字、如何創意運用色彩、如何挽救失敗的照片、如何修復老照片、如何創作出驚人的全景照片等等。

在介紹這些技法時，我使用一個步驟接一個步驟的方式，引導你完成每一個處理階段，同時盡可能配合刊出螢幕影像，讓你知道在進行到某個步驟時，電腦螢幕上應該會出現什麼樣的畫面，而不是讓你只憑著我的話去想像。換句話說，本書就像食譜，告訴你需要用到什麼材料，以及如何把它們混合在一起，才能得到你想要的真正結果。

我毫不懷疑你不會第一次就成功——我肯定不會是如此——但我真心希望，你在讀完這本《A to Z創意影像處理》後，所獲得的信心和靈感，以及嘗試過的一些技法，都將在你未來的攝影生涯中提供最大的幫助——因為，不管你喜不喜歡，數位影像已經是攝影主流，所以，你最好開始好好利用它。

李．佛洛司特
Lee Forst

A Adding Text 加進文字

攝影最有趣的部分，就是能夠和別人分享你拍攝的照片。大部分人都很喜歡把照片寄給家人和朋友，有人還喜歡把他們的作品加框展示。近來，隨著數位影像和電腦排版時代的來臨，你甚至可以更進一步開始設計和製作自己的問候卡、明信片、月曆和海報。

但這並不是什麼新點子，早已行之有年了，一些職業攝影師都有相片卡，上面印著一張或兩張攝影作品，外加他們的連絡資料。他們把這些當作是名片，或當作是將攝影作品送交雜誌或出版社的作品卡。每年我也都會收到一些同行攝影師寄來的耶誕卡——其中大部分都是業餘攝影人——這些人都是把他們最喜歡的某一張冬天景色照片轉變成耶誕卡。他們這樣做，就是要替這些照片加添一些個人風味，同時，這也是實際運用這些好照片的好法子。

商業輸出的費用很高，而且通常要一次印製相當多的數量，才能將成本盡可能壓低。但是，只要擁有一個基本的數位工作站，你就可以製作自己的卡片和其他作品，又快又輕鬆，而且花費僅及商業輸出費用的九牛一毛。

想要製作出看來很像專業級的作品，最主要的關鍵，就是要能夠將文字加進你的攝影作品中。利用Photoshop這套軟體，在照片中加進文字是相當容易的，而且，一旦學會了怎麼做，你可能就不想停下來。以下將一步步指引你如何製作出自己的照片卡。

需要什麼

- 選定幾張彩色或黑白照片，以及一套標準的影像編輯軟體，例如Adobe Photoshop。

怎麼進行

step 1

選好你要使用的照片。你可以選幾張，但我覺得如果只使用一張大照片來製作，會是大膽的表現，而且可使整張卡片看來更單純和更有張力。我特別選了這張正片負沖的作品——特殊的視角和生動的色彩，使這張照片真的會讓人眼睛為之一亮，所以這一定能引人注意。

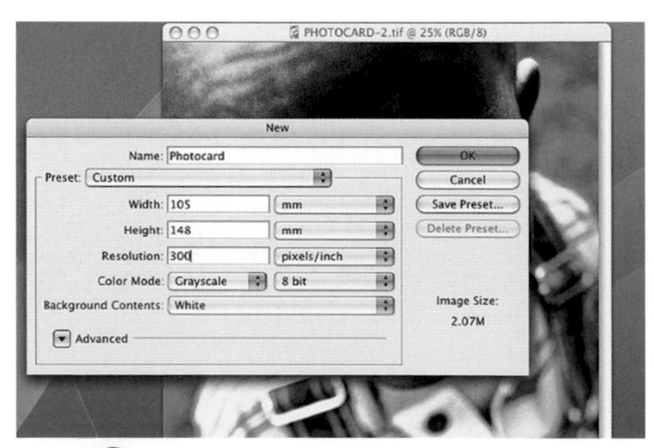

step 2

為了方便作業，這張卡片最好是標準尺寸，如此才能使用噴墨印表機把它完整印出來。以這張作品來說，我選擇的A6尺寸(105x148mm)。這用來當作照片卡已經夠大了，而且正好可以在一張A4相片紙(210x297mm)上印出4張來。

想要替卡片製作一塊版面(canvas)，開啟Photoshop，打開選定的照片，然後前往檔案＞開新檔案(File＞New)，在對話框裡輸入想要的尺寸，同時把解析度(Resolution)設定為300，色彩模式(Color Mode)設定為RGB。按下確定(OK)，就會出現空白的版面。

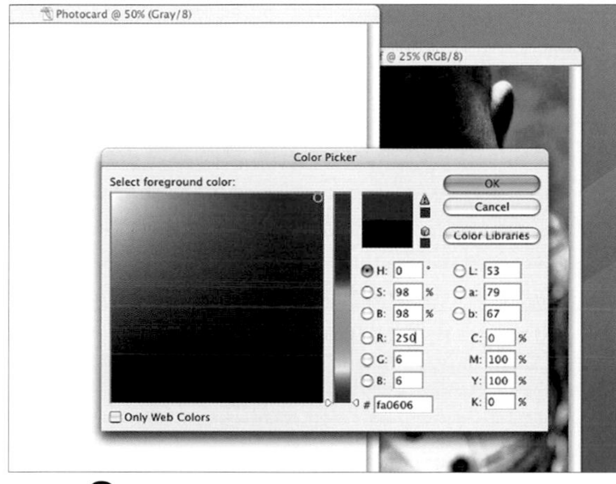

step 3

我使用白色作為這張照片卡的背景色，因為照片本身的顏色就很鮮豔，而白色背景看來夠乾淨俐落和專業。不過，你可以根據自己作品的情況來變化背景色。只須點一下螢幕左邊工具箱靠近最下面的選取前景色(Set Foreground Color)，接著使用檢色器(Color Picker)來選取新的顏色。我在這兒選的是紅色。

step 4

想要改變卡片顏色，前往編輯＞填滿(Edit＞Fill)，在出現的對話框裡選取前景色，按下確定。白色版面就會變成選定的顏色。

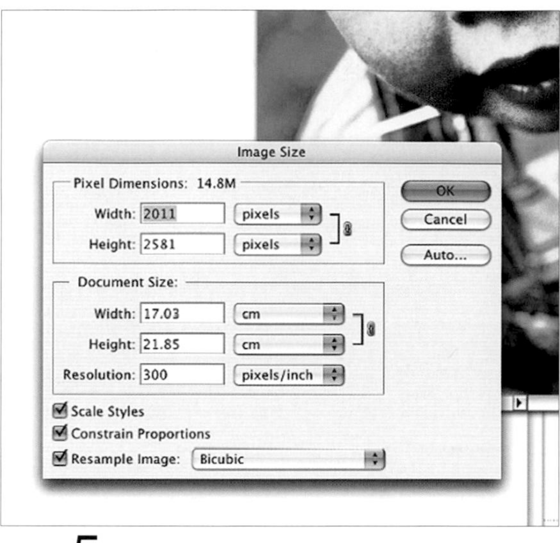

step 5

我的照片卡的版面尺寸是105x148mm。我想要在卡片上面和左右兩邊各留下1公分的空白，下面則留3公分。這表示，我選的照片一定要能夠放進85x108mm的框框裡，那幾乎是正方形了。用不著為了能夠放進這個框框而把照片尺寸縮小，但我必須將這張照片裁剪出適當的比例。

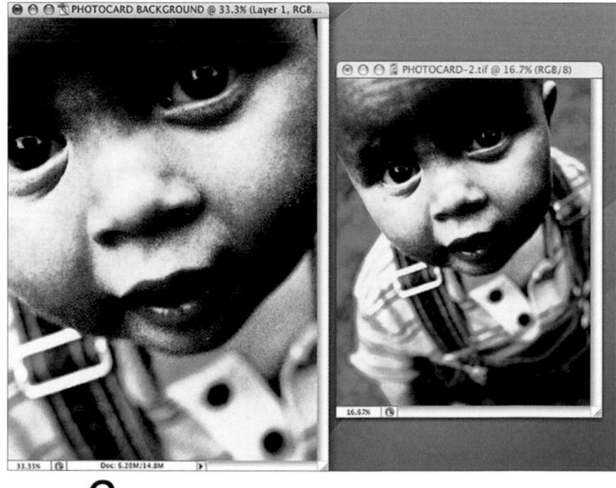

step 6

現在可以把這張照片放進白色背景裡。想要這樣做，只須使用工具箱的移動工具(Move tool)，把照片直接拖曳到背景畫面上。你會發現，這張照片比版面大得多。

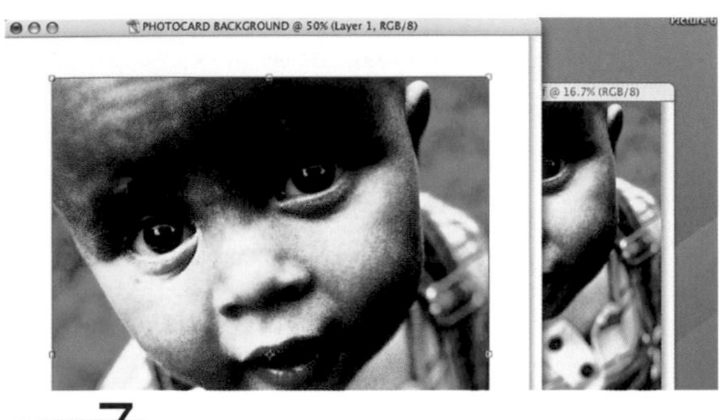

step 7

要縮小照片尺寸，前往編輯＞變形＞縮放(Edit＞Transform＞Scale)，然後把照片縮小，並調整位置。這張卡片的模樣現在大致成形了。

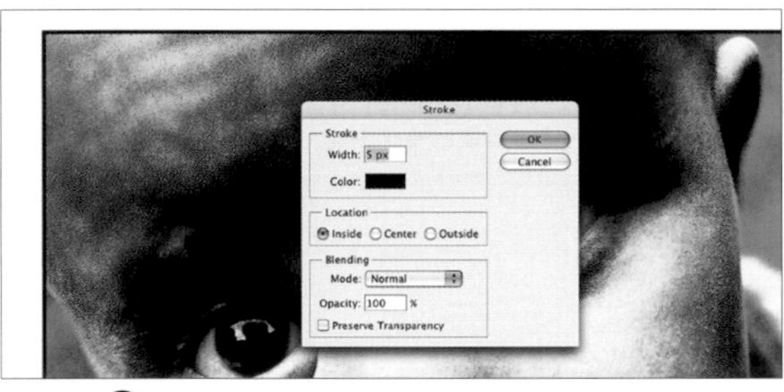

step 8

已經在人像四周加進細細的黑邊。想要這樣做，前往選取＞所有圖層(Select＞All Layers)，然後前往編輯＞筆畫(Edit＞Stroke)。在對話框裡的邊框寬度輸入5畫素，顏色選黑色，然後按下確定。

step 9

現在要加進文字了。想要這樣做，則要使用文字工具(Type tool)。首先，點一下文字工具，把游標拖到你想要輸進文字的位置，製作出一個文字輸入框。在這個文字框內輸進文字——我是打進我的姓名和連絡資料——然後試著變換各種字型、字級和排列方式，直到你對整張卡片的配置感到滿意為止。我在這兒使用的是一種名為Sand的英文字型。

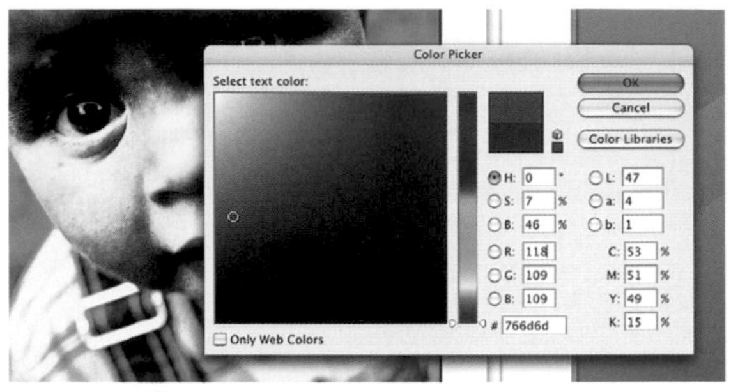

step 10

我決定不讓文字只呈現純黑色。想要變化一下，點選螢幕上方的顏色圖案，在檢色器裡，把游標移到灰色區域。按下確定，把改變顏色後的文字儲存起來，接著，進行圖層的影像平面化(flatten)，把最後結果存檔。

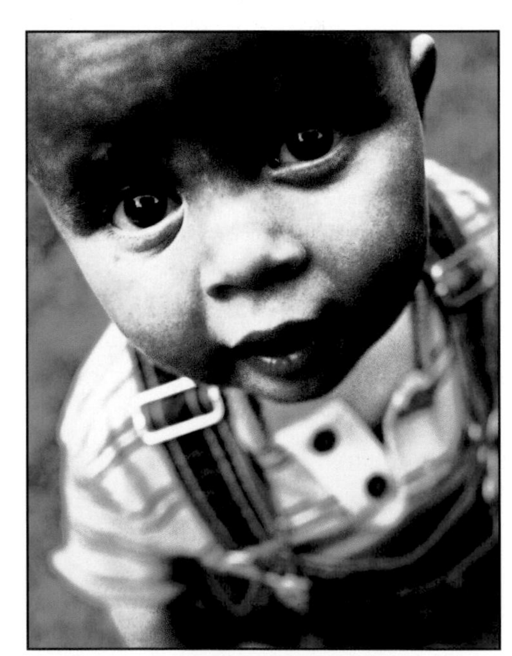

小男孩路易斯(Ruis)

這就是已經處理好的最後結果——一張簡單、色彩豔麗、吸引眾人目光的照片卡，可以把它列印出來，上面有我的連絡資料，我可以親自交給對方，或是寄給別人，提醒他們和我連絡。

相機：Nikon F90x / **鏡頭**：28mm / **軟片**：正片負沖Agfachrome RSX100

貝爾維第，托斯卡尼，義大利 (Belvedere, Tuscany, Italy)

由於最新型噴墨印表機的列印品質極高，所以很容易就可以把你最喜歡的攝影作品印製成令人驚豔的海報。我使用的A3(297x420mm)印表機可以裝入一捲310mm寬的捲筒相片紙，這表示我可以印出將近1公尺長的全景照片，費用卻比去購買其他攝影師的海報還要便宜。這可以當作很棒的禮物，尤其是如果把它們掛在窗前或是加上畫框。這張作品有很大片的白色背景，因為我把版面尺寸加大，然後再使用Photoshop的文字工具，在版面最下方輸入文字。

相機：Fuji GX617 / **鏡頭**：90mm / **軟片**：Fujichrome Velvia 50

舊叉子

除了以打字方式輸入文字之外，也可以把手寫文字加進照片中，這樣看來就好像是你親手寫的標題和簽名。作法是先在一張白紙上寫下作品標題，並且簽名，用高解析度掃描，然後使用拖曳工具，把掃描好的圖檔拉到版面中你想要的位置。

相機：Nikon F90x

鏡頭：105mm微距鏡頭

軟片：Fuji Neopan 1600

B Bas Relief 淺浮雕

淺浮雕是一種雕刻或蝕刻版畫，儘管它只是很淺的浮雕，但還是能夠帶給觀者三度空間的效果。

想要創作出這種攝影效果，需要把同一張照片的正片和負片疊起來處理，但不可以對得太準。我以前都是利用高反差的黑白負片複製兩張彩色透明片，然後把它們疊在一起——這是很無聊、費時的工作。現在，只要動動滑鼠，就可以利用Photoshop創作出以假亂真的淺浮雕效果。

以下將介紹兩種技法，但我比較喜歡第二種技法，因為不但可以對最後的影像成果作更多的變化，而且還可以創作出彩色淺浮雕效果，經常會讓人大為驚豔。

需要什麼

■ 彩色或黑白照片。構圖要簡單，如果影像的形狀十分大膽，創作出來的效果最好。

怎麼進行

方法1 使用淺浮雕濾鏡

到目前為止，最快和最簡單的法子，就是前往濾鏡＞素描＞淺浮雕(Filter＞Sketch＞Bas Relief)。這時跳出來的對話框可以讓你控制三樣要素——細部(Detail)、平滑度(Smoothness)和光源(Lighting Direction)。我比較喜歡把光源設為左上，但你並不一定也要這樣做。我也發現，把細部調到最大、平滑度也調到最大，效果最好，這值得你多試幾遍。

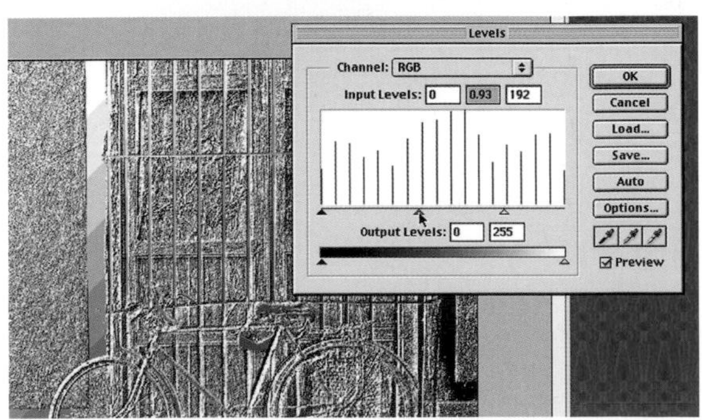

你將會發現，當你按下確定，套用設定好的淺浮雕效果後，大部分照片的色調都會變得太淡。這很容易補救，只要調整一下色階(Levels，請看左下)就行，而且在很多情況下，你將會發現，只要進入影像＞調整＞自動色階(Image＞Adjustments＞Auto Levels)就可搞定。

腳踏車，千里達，古巴
這種效果是你可以預料得到的，只要使用Photoshop的淺浮雕濾鏡就可以。方法既快速又有效，但你無法對最後的影像做出太多的變化。
相機：Nikon F5／**鏡頭**：50mm／**軟片**：Ilford HP5 Plus

方法2 使用圖層

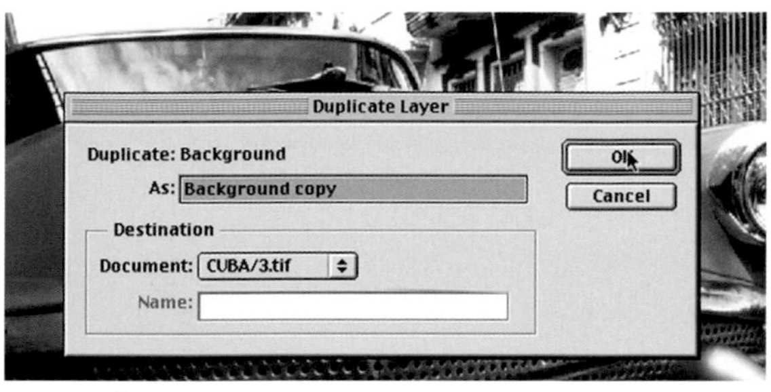

step 1

在Photoshop裡，打開你選好的照片，選擇視窗＞圖層(Window＞Layers)，打開圖層面版(layers palette)。接著，選擇圖層＞複製圖層(Layer＞Duplicate Layer)，複製出原圖的一個圖層。

step 2

把背景複製圖層的不透明度設為0%，如此你就可以看到照片影像的變化。點一下原圖，選擇新增圖層，然後在圖層面版上點一下新增圖層，進入影像＞調整，選負片效果(Invert)，製成原圖的負片。

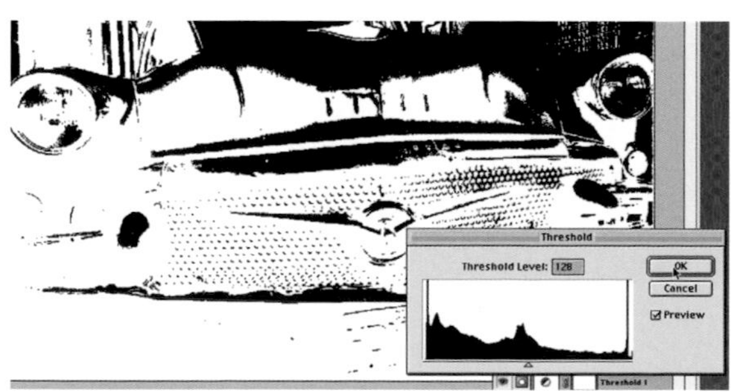

step 3

點選圖層面版上的原圖圖示，新增一個圖層，然後點一下這個新圖層，進入影像＞調整，選擇高反差(Threshold)，製造出原影像的高反差複製圖層。

step 4

調整背景複製圖層的不透明度到約50%，如此你就可以看穿這個圖層，並且可以預知會出現什麼樣的效果。這時候，點選移動工具，把這個圖層稍微拉向一邊，如此就會和另一個圖層稍微錯開。最後，進入圖層，選擇影像平面化，將所有圖層合併。

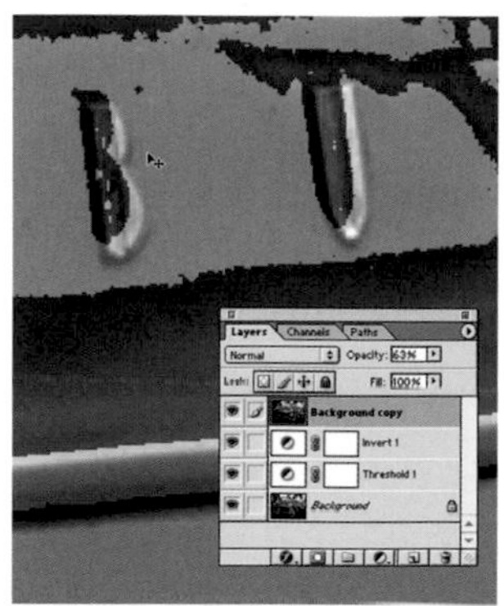

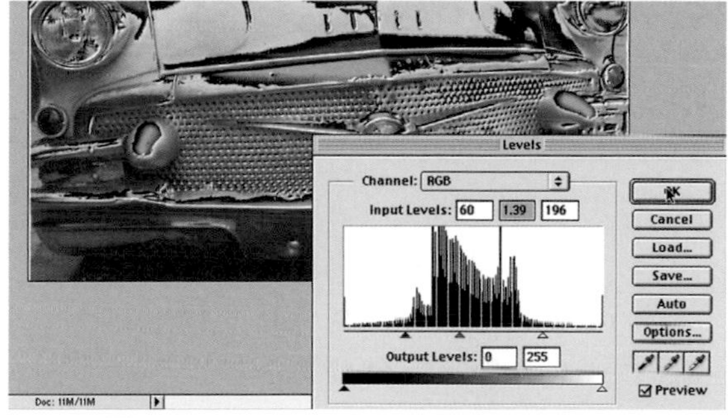

step 5

如果你對這個影像結果並不滿意，可以選擇影像＞調整＞色階(Image＞Adjustments＞Levels)，調整色階，改變色調平衡，創造出更有趣的效果。

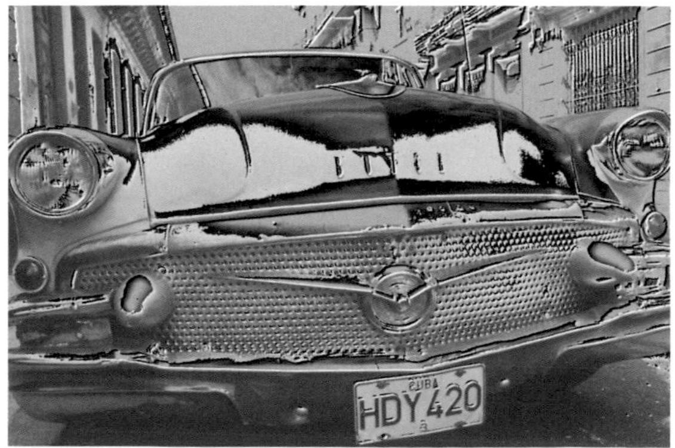

美國老爺車，哈瓦那，古巴

雖然真正的淺浮雕效果應該是單色調，但我還是喜歡加進少許色調，造成相片式的淺浮雕。我認為，這個方法能夠創作出更有趣的影像。

相機：Nikon F5／**鏡頭**：20mm／**軟片**：Fujichrome Velvia 50

B Border Effects 邊框效果

黑白照片很流行製作創意邊框，不僅可以框住和凸顯照片，同時也替這些作品增添一種賞心悅目的藝術感。

想要在傳統暗房裡製作出「不平整」的邊框，最流行的一種作法——也是我個人最喜歡的——就是把底片夾或是放大機遮罩的內側挖掉一些。這會使它變得比所要沖印的底片稍大一點，亦即邊緣不再呈直線和平滑。底片邊緣四周的部分位置會曝光，所以沖印出來後會變成黑色，因而成為一種黑邊框。

如果你使用電腦，現在有很多附加軟體可以使用，像是AutoFX Photo/Graphic Edges，提供你多種邊框樣式。但實際上用不著這麼多，而且，太多選擇反而難以讓你建立起自己的風格。所以，我建議省下這些錢，自己動動腦設計一或兩種簡單的邊框效果。以下提供一些點子給你。

需要什麼

■ 選好幾張照片，在加進不俗的邊框後，可以增加它們的價值。我比較喜歡選用黑白照片，但絕對不是說，你就不可以使用彩色照片，或者，你也可以把彩色照片轉成黑白。

怎麼進行

方法1 粗黑邊框

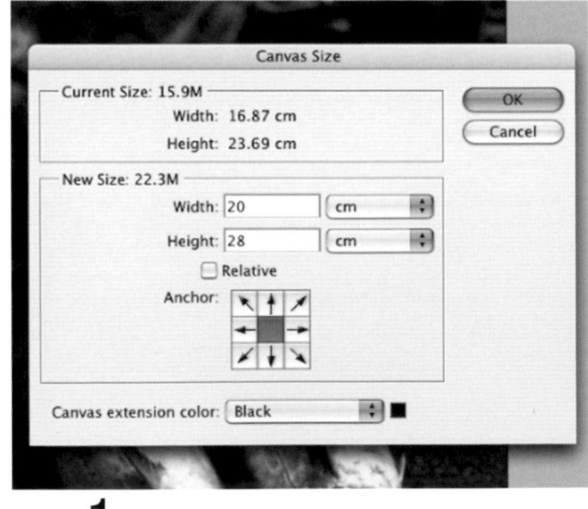

step 1

想要模仿出底片框的效果，需要在照片四周加上黑色的粗黑框。首先，前往影像＞版面尺寸(Image＞Canvas Size)，把版面擴大到比照片長寬四周多出約25%。另外必須把版面的延伸色彩(Canvas extension colour)設為黑色。

step 2

從工具箱選擇橡皮擦工具(Eraser)。點一下畫面左上筆刷圖示旁的小箭頭，就可打開筆刷「預設揀選器」，列出預設的多種筆刷型式。在這個選單上再點最上方的小箭頭，又會跑出一大堆筆刷供你選擇，選乾式媒體筆刷(Dry Media Brushes)，按確定。

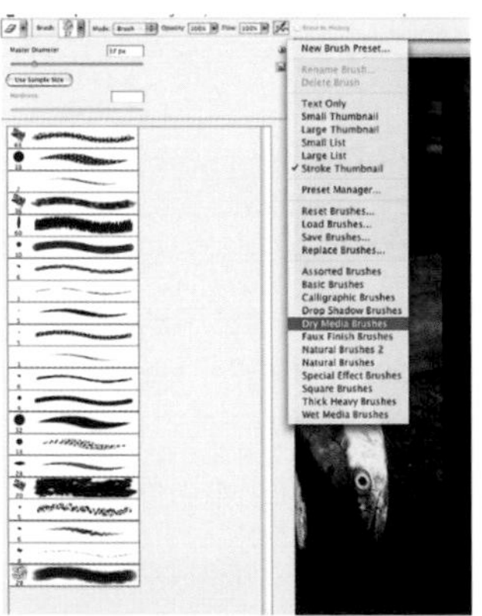

step 3

在跳出的選單裡選Pastel Medium Tip筆刷，接著設定筆刷直徑，以配合邊框的粗細。以我們的這個例子來看，70畫素最合適。

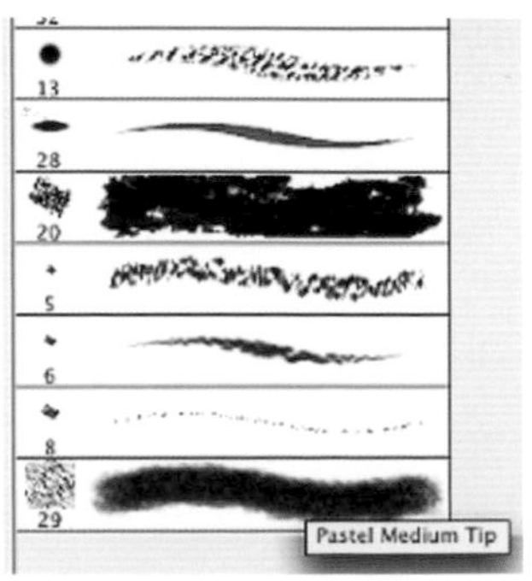

step4

放大螢幕上的影像，使用橡皮擦工具，開始將照片四周黑色部分的外面部分擦掉。這會創造出底片反白的效果，內側邊線很平直，外側邊線則參差不齊。你可能需要在同一部位重做兩到三次，才能把所有黑色部分擦掉。在照片四周緩慢進行，直到邊框完成。如果邊框的邊緣太過參差不齊，你隨時可以選擇較小尺寸的筆刷再處理，擦掉任何不想要的黑色區域。

王魚，石頭鎮，尚吉巴（King-fish, Stonetown, Zanzibar）

為這張照片加上參差不齊的粗黑框後，果然使畫面中的兩條魚變得很突出，同時也替整個影像增添不同的氣氛。這個邊框和在傳統暗房裡創作出來的一樣傑出，但肯定更有變化，因為在你每一次重複處理後，最後的邊框形狀都會不一樣。最後，我替這張照片加進一點暖色調(請參閱第148-153頁)。

相機：Nikon F5

鏡頭：28mm

軟片：Fujichrome Velvia 50

方法2 不整齊的邊框

除了模仿軟片反白效果的邊框外，還有另一種方法更簡單，只要把影像邊緣弄得參差不齊就可以了。這兒使用的技巧和方法1相似，只不過多了幾個步驟。

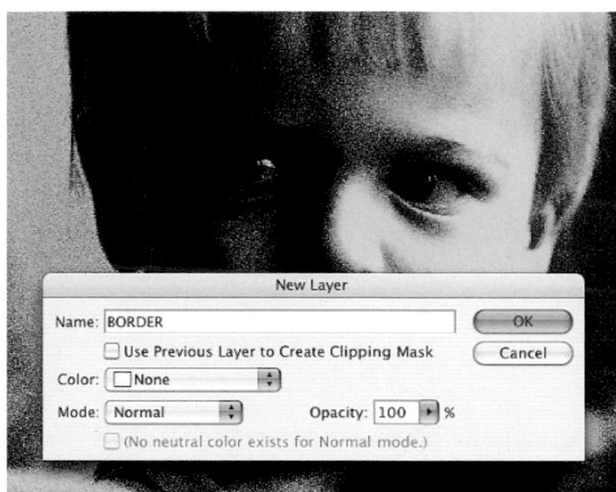

step 1

打開你的照片，新增一個圖層，用來畫出邊框。首先，選擇圖層＞新增圖層(Layer＞New Layer)，或是在圖層面版上點一下新增圖層圖示。替這個新增圖層取個名字。

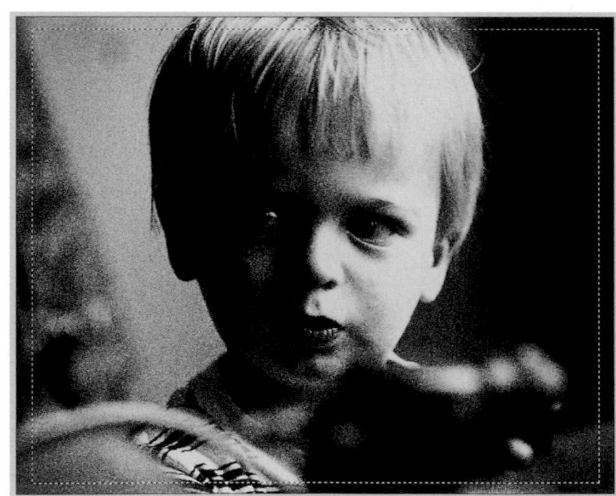

step 2

點選工具箱的矩形畫面選取工具(Rectangular Marquee tool)，在照片左上角你想要作為邊框起點的位置上點一下，按住滑鼠不放，把矩形選取框一直拉到畫面右下角。出現的虛線框，就是你要製作邊框的區域。

step 3

前往選取＞反轉(Select＞Inverse)，如此一來，邊框區域就會被兩個虛線框包住。

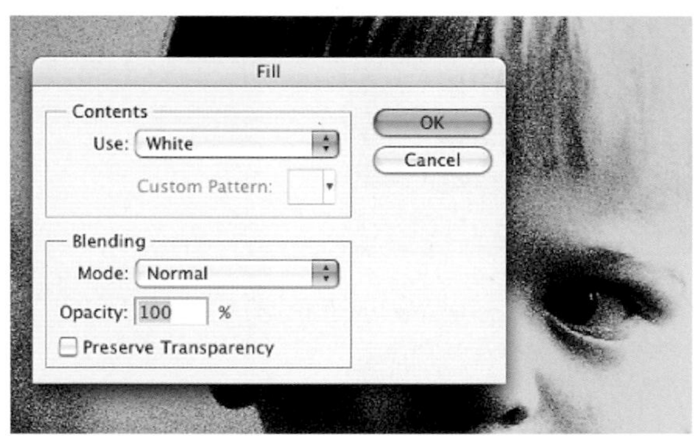

step 4

前往編輯＞填滿(Edit＞Fill)，在彈出來的對話框裡選使用白色。按下確定。這時，你的照片就會出現被兩個虛線矩形框包住的白色邊框。

step 5

點擊工具箱的橡皮擦工具，選用跟方法1相同的筆刷，必要時，可以改變筆刷粗細。接著，開始使用筆刷在照片邊緣擦拭，畫出參差不齊的邊框。

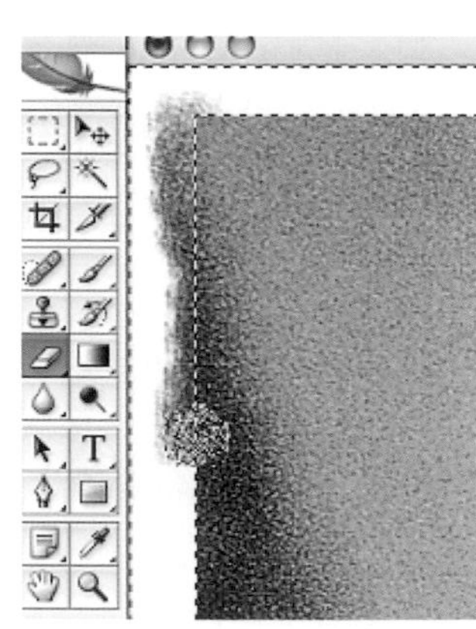

step 6

在照片四周邊緣緩慢擦拭，直到邊框完成，然後前往圖層＞影像平面化(Layer＞Flatten Image)，完成影像平面化，儲存完成後的作品。

小男孩諾亞 (Noah)

這就是最後的成果。這個不俗的邊框，絕對不輸用Photoshop任何增效模組製作出來的作品，卻不必花你半毛錢。你還可以選取不同形狀和大小的筆刷，作更多變化。

相機：Nikon F90x／**鏡頭**：80-200mm變焦鏡

軟片：Ilford HP5 Plus IS01600

方法3 掃出真正的底片邊框

跟很多攝影人一樣，我一直很喜歡用Polaroid Type 55正/負黑白軟片製作出來的邊框效果。但是，這有些困難，這種軟片只能用在4x5吋大型相機的相紙上，價錢也不便宜，而且使用起來很麻煩。幸好，現在有個解決的法子了。把一張Type 55軟片掃進你的電腦裡，再把你的照片加進去。這種方法可以讓你把富有特色的邊框加到任何照片上，不管是用哪一種相機拍攝的都可以。以下說明如何進行。

step 1

設法找一張已經沖洗過的Type 55軟片。如果你不知道有哪些攝影師使用這種軟片，不妨到你住家附近的沖印店打聽看看。我是從我認識的一位攝影同好那兒拿到一張他放棄不要的軟片。

step 2

你必須用高解析度掃描這張軟片。大型相機的軟片掃描器很貴，但普通平台式掃描器的掃描效果就已經很不錯了。我使用的Microtek ScanMaker 8700掃描器就很稱職。我把這張軟片掃成40公分高，選用300dpi的解析度。

step 3

打開你想要加進這個邊框的照片，使用圖層>複製圖層(Layer>Duplicate Layer)複製出新圖層。

step 4

打開Type 55軟片的掃描檔，確定你的螢幕上都可以看到這兩個影像。

step 5

點擊你打算拖進邊框中的那張照片，然後把這張照片的複製圖層拉進邊框影像中。

step 6

前往編輯>變形>縮放(Edit>Transform>Scale)，縮小或放大主照片的尺寸，讓它剛好可以放進邊框中。可以讓照片和邊框的內側邊緣稍微重疊，這樣可以製作出更令人信服的Type 55效果。

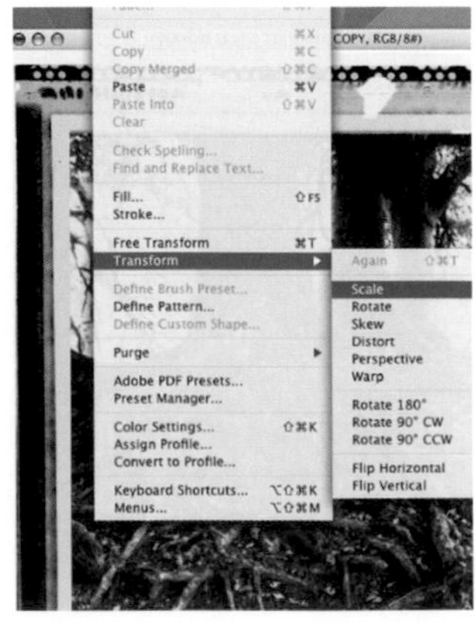

step 7

在圖層面版裡改變混合模式為色彩增值(Multiply)，然後進行影像平面化，存檔。

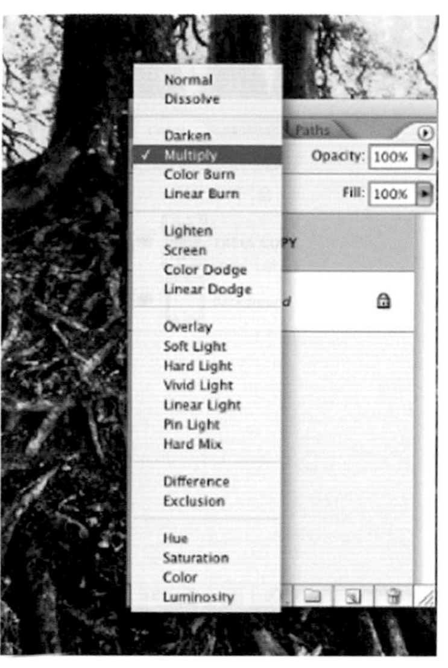

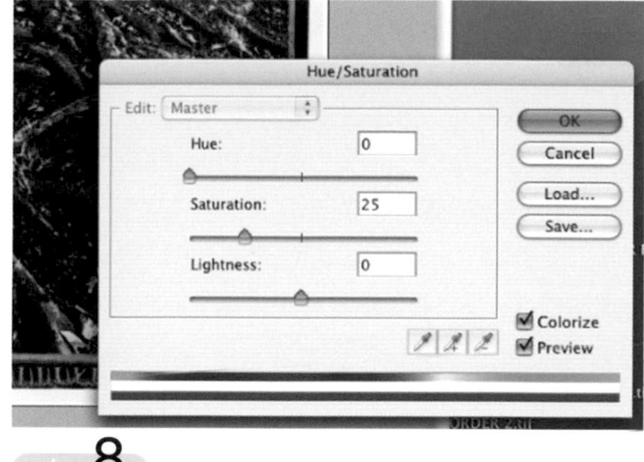

step 8

最後，我再加進一點暖色調，使用影像>調整>色相/飽和度(Image>Adjustments>Hue/Saturation)，移動色相和飽和度的拉桿。我也調整了一下色階，增加畫面的對比。

老樹根

這是最後的成果。也許不像真正的Type 55影像那般細緻——這種軟片本來就以它出色的色調而聞名——但這張樹根照片是用35mm軟片拍攝，再加上4×5吋軟片混合沖印而成，所以，相較之下，這樣的效果還算不錯。

相機：Nikon F5
鏡頭：20mm
軟片：Ilford HP5 Plus

B Building Pictures 改造照片

我在電腦裝上Photoshop後，首先研究的創意技法之一，就是改造我自己的照片。將某張原版照片中取得的一些內容，重新安排，再調整大小，就會創造出一張完全不同的照片。

我最初是在極迫切的情況下使用這項技術。我參加了一家我為它寫稿的雜誌社的讀友工作室，當天極需提出一張能夠啓發攝影靈感的好作品。不幸的是，當天的主題——一座大吊橋——很難拍攝，而且天氣陰沉灰暗，更是雪上加霜。我把當天拍好的底片沖洗出來後，仔細研究了那張底片，心情立即沉到谷底。

還好，在這樣的情況下，人的想像力往往會發揮到最高點。所以，我不但沒有躲在暗房裡，繼續想要對這張陰暗的照片變出什麼魔法來，反而跑出暗房，把其中一張底片掃描進我的電腦，並且決定對它進行數位處理。結果讓人相當滿意。

需要什麼

- 找一張彩色或黑白照片，裡面有些元素是你可以選取出來，放進其他照片作不同的處理。一開始，任何圖畫式的影像，例如一棟建築或一座大橋，都是很好的題材。

怎麼進行

這項技術的關鍵，在於從原來照片中選取某種元素出來，然後把它們貼進新的版面中——這是相當容易的技法，即使是攝影新手也沒有問題。

step 1

打開掃描的影像：你可以看得出來，這張照片十分單調且平淡，這應該感謝當天那該死的天氣。但在這兒，一個更大的問題卻是在構圖上，照片左上角是空白一片，因為這張照片是從橋上的人行道上拍攝，已經超出大橋的主結構外。

step 2

我決定把照片上方25%的部位裁掉，以便更強調前景，並且讓構圖更有力——原來構圖裡的天空太多。然後，我把裁掉的照片複製一份。

step 3

接著，我選取複製圖像的上半部分，只留下一小段白色路線，然後把其餘部分裁掉。

step 4

我再裁掉照片的左半部，如此一來，只有含有橋樑主體骨架的右上角部分被保留下來。

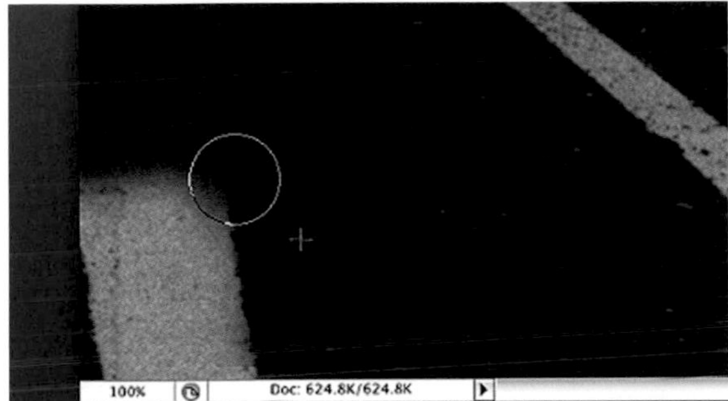

step 5

接著，我把影像清理乾淨，使用的是仿製印章工具(Clone Stamp tool)，除掉白色路標上面的黑色柏油痕跡，因為這些痕跡在這張裁剪後的照片上仍清晰可見。

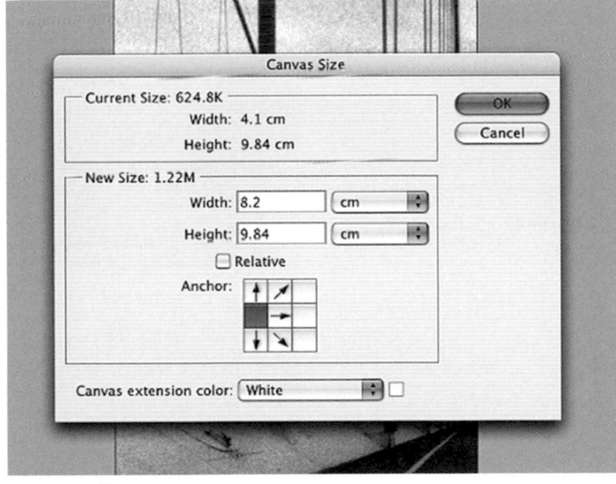

step 6

把這部分的影像複製下來，前往檔案＞另存新檔(File＞Save)，存成一個新的影像檔。我把這個新影像翻轉過來——影像＞旋轉版面＞水平翻轉版面(Image＞Rotate Canvas＞Flip horizontal)——並使用影像＞版面尺寸(Image＞Canvas Size)，把版面擴大兩倍寬。我接著點左邊的錨點(anchor point)，因此，版面增加的部分都在影像的右半邊。

step 7

我點選原來裁剪的部分，把翻轉的那一部分影像複製下來。接著，使用移動工具(Move tool)，把它拖過來，放進擴大出來的版面中，利用方向箭頭小心把它放在最好的位置上。

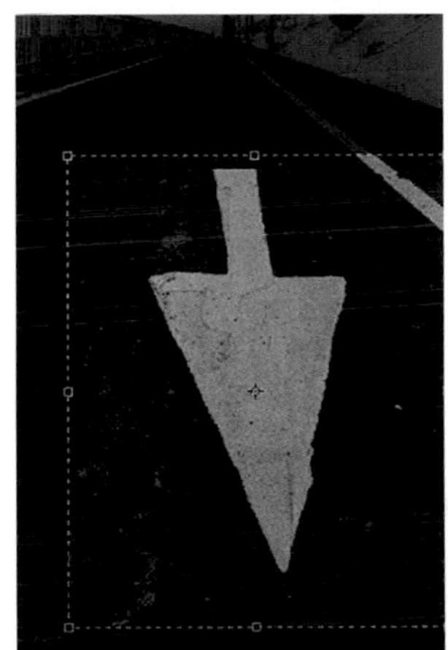

step 8

再回到原來的照片，我使用檔案＞另存新檔(File＞Save As)把它複製下來，接著，把照片前景的白色大箭頭剪下來。

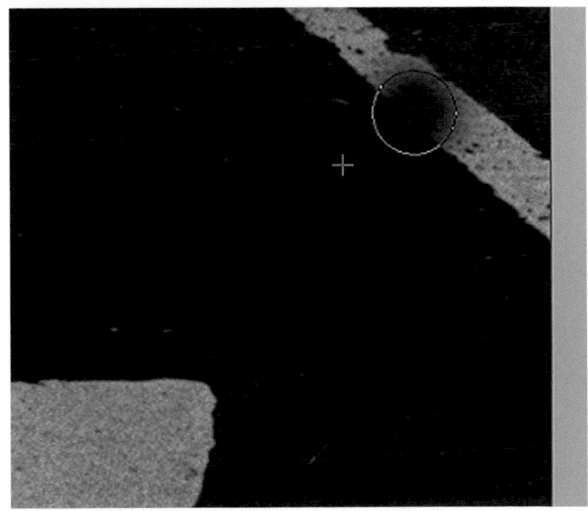

step 9

這一部分影像右上角的白色路標線，我用仿製印章工具把它除掉。

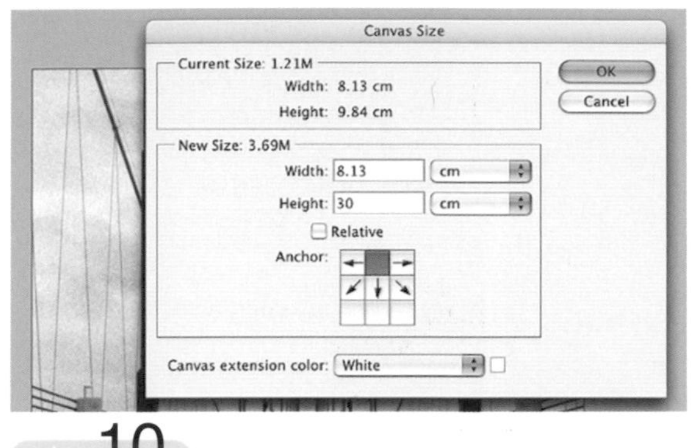

step 10

現在回到我在第7步時完成的橋樑結構的鏡像影像，我選擇影像>版面尺寸(Image>Canvas Size)，讓版面更深一點，點上方錨點，因此版面就往現有影像下面延伸。我留下這個影像，不去動它。

step 11

現在，在我的畫面裡，這張影像以及裁剪下來的箭頭並排在一起，我使用移動工具，把箭頭拉到版面延伸的部分。但你也可以看得出來，這兩個影像合併得並不是很完美。

step 12

(下圖)使用移動工具、方向游標和編輯>變形>縮放(Edit>Transform>Scale)，終於搞定箭頭的位置和大小。接著把圖層平面化──圖層>影像平面化(Layer>Flatten Image)──然後再複製黑色柏油路面的一些部分，用它們來填滿任何空白處，以及把這兩個影像的新部分混合在一起。

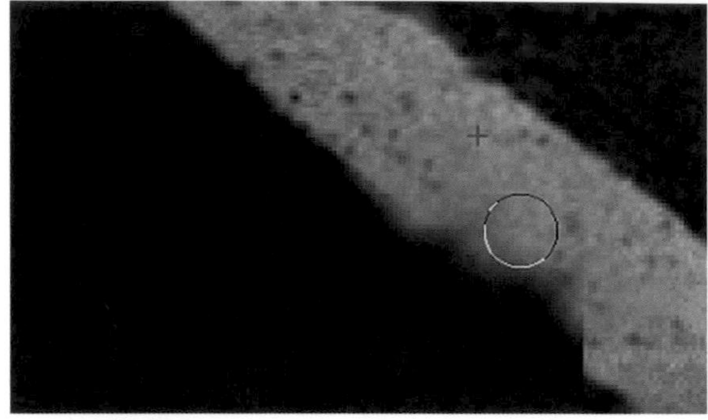

step 13

橋面道路兩旁的白線也有部分重疊的部分。我也修正了這個問題，方法是複製部分白線，把它覆蓋在重疊的黑色柏油部位上。

step 14

現在幾乎已經大功告成了。可以看得出來，畫面中的某些區域有使用仿製印章工具的痕跡，但我並不擔心，因為整個畫面看來仍然太灰暗和平淡，還需要替它加點精神。

step 15

(下圖)選擇影像>調整>色階(Image>Adjustments>Levels)，我把陰影滑桿調向右邊，讓黑色部分更暗，另外再把中間調和亮部滑桿向左移，讓整個畫面亮起來，並且增加對比。這使得這張作品產生一種大膽、圖畫式的感覺，並且也掩飾了複製痕跡。

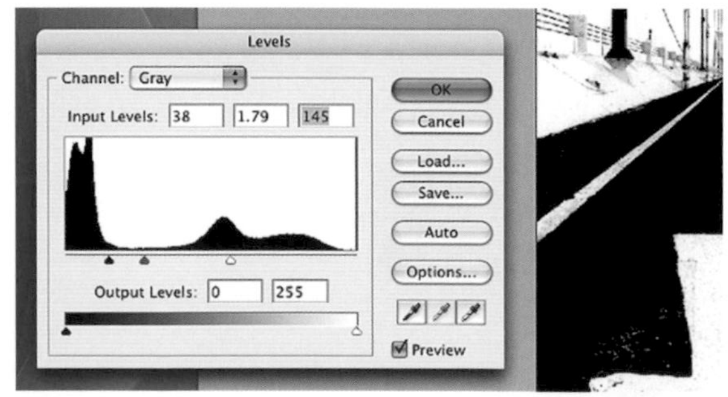

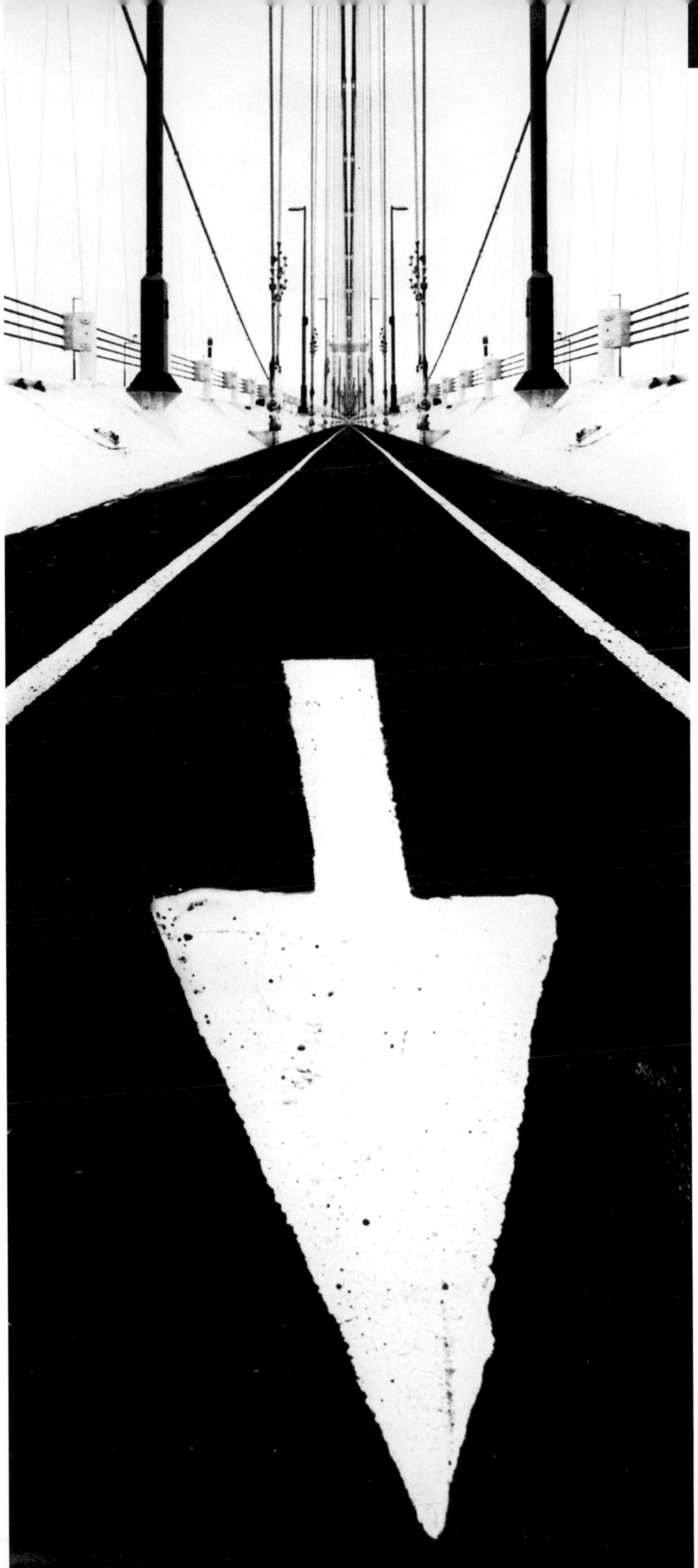

塞文大橋，布里斯托，英國

企圖利用原始照片來製作出某種有趣的畫面，這是對信心的一大考驗，但我想我辦到了。儘管在拍攝原來的主體時遭遇困難，再加上陰沉的天氣，但最後呈現出來的結果，卻是一張充滿想像力的驚人作品。這也告訴你，我們可以從虛無中創造出真實的東西。

相機：Hasselblad XPan

鏡頭：30mm

軟片：Ilford HP5 Plus

C Changing the Background 變換背景

Photoshop最有用的功能就是，它可以讓你進行很精確的修改。如果你不喜歡某個地方，你可以修改它，或乾脆把它去除——這通常比傳統的修改技法來得更快速、更容易，而且效果更好。

最好的入門例子就是變換背景。如果你拍了一張風景照，對天空很失望，你必須做的就是從另外一張照片裡挑選出令你較為滿意的天空，用它來換掉那個不滿意的天空。同樣的，如果你替某人拍了一張照片，背景卻很沉悶，便可以把那個背景除掉，換上一個比較有趣的背景。

想要做到這一點很簡單，只不過是把兩個圖層合併，以及去除主圖層的部分區域，讓第二個圖層可以顯示出來。

需要什麼

■ 幾張精選的彩色或黑白照片。黑白照片很容易變換背景，因為不必擔心色彩合不合的問題，但彩色照片應該也不成問題。

怎麼進行

方法1 變換天空

step 1

打開一張照片，先複製圖層——圖層＞複製圖層(Layer＞Duplicate Layer)。接著，點一下你螢幕左手邊工具箱的魔術棒工具，點擊照片中你想改變的部分，照片中所有其他相同色調的區域都會自動被選取。如果想要增加選取的區域，按住Shift鍵，同時點照片中的其他區域。重複這樣的動作，直到你想要改變的區域全部選取為止。以我的這個例子來說，我的作法正好相反，選的是我想保留的部分——人和駱駝的剪影。我這樣做，是因為這比選取天空更快且更容易。這些剪影的色調完全相同，所以用魔術棒點一下，就能立即完成選取的工作。

step 2

如果你跟我一樣，選的是想保留的部分，而不是想要換掉的部分，則你必須反轉選取，如此一來，Photoshop就會選取其他的所有部分。前往選取＞反轉(Select＞Inverse)，你想要改變的部分就會被選取。完成後，按下鍵盤上的Delete鍵，被選取的部分就會消失不見。

step 3

打開含有新背景的照片，選取想要的部分。以這張照片來說，我用魔術棒選取橘色的天空，包括落日。

在這樣做之前，我先察看落日影像照片的尺寸，以確定選取區域的畫素大小和我想要把它加進去的那張照片相似。如果選取的區域小很多，就會發生畫素擴張(pixelation)的情況，而出現馬賽克狀，結果毀了一切。完成選取後，前往編輯＞拷貝(Edit＞Copy)。

step 4

這時候，點選原來那張已經除去天空的照片，前往編輯＞貼上(Edit＞Paste)。新選取的天空就會被貼到原照片的上方部分，如果這兩者的畫素大小相同，便可以貼滿。如果貼上來的部分比原照片小或大，前往編輯＞變形＞縮放(Edit＞Transform＞Scale)，根據實際情況調整。完成後存檔。

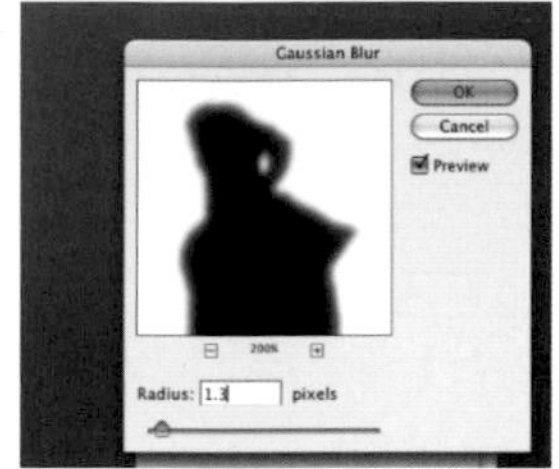

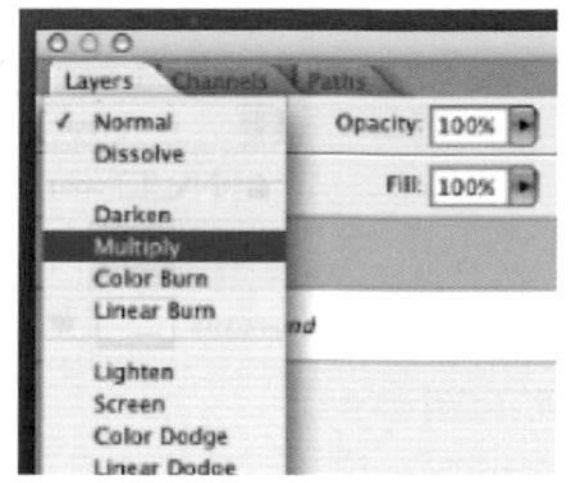

step 5

在這個例子裡，因為原來的照片保留了剪影部分，我現在必須做的，就是把落日圖層的混合模式從正常(Normal)變為色彩增值(Multiply)──在圖層面版裡完成這項改變──這時，落日就會充滿原照片的天空部分，而人和駱駝的剪影也會出現。

剪影邊緣看來有點過於銳利，所以我決定把它們變得柔和一點，我使用的是濾鏡＞模糊＞高斯模糊(Filter＞Blur＞Gaussian Blur)，把模糊強度調低。你可以透過預視(Preview Image)看看調整後的效果。

撒哈拉沙漠，摩洛哥

這是經過裁剪後呈現的最終成果，構圖變得更為緊湊。整個過程不超過10分鐘，而原來的照片完全改觀了。

相機：Nikon F90x／**鏡頭**：80-200mm變焦鏡／**軟片**：Fujichrome Velvia 50

方法2 變換背景

看完以上介紹的單純剪影的變換之後，現在來試試更複雜的技術——把全新的背景加進人像照中。我使用在古巴千里達鎮拍攝的一張照片。

step1

首先從Photoshop的工具箱選用多邊形套索工具(Polygonal Lasso tool)，把螢幕上的影像放大，開始在這位老人四周進行選取。

step2

幾分鐘後，選取完成，老人四周被「流動的虛線」包圍。為了能夠和新背景平順混合，我把套索的羽化(feathering)程度設為5畫素。

step3

完成選取後，前往編輯＞拷貝，把選取的部分複製下來。這會在圖層面版上以新圖層出現，但背景已經消失。

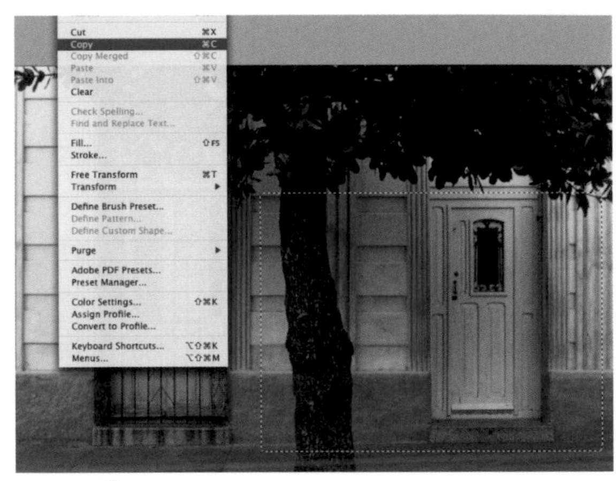

step4

打開我在古巴拍攝的另一張照片，使用矩形選取工具選出我想用來作為新背景的區域。重要的是，選來作為新背景的影像，最好是在和你想要加入背景的原照片相似的光線下拍攝，否則合成的效果看來會有點怪異。

step5

選好後前往編輯＞拷貝，把它拷貝下來，接著點原來的人像，並前往編輯＞貼上，把新背景貼進這張照片中。一開始，畫面上所能看到的只有新背景。

step6

想要正確混合這兩張照片，前往圖層面版，把新背景圖層向下拉，讓它變成在原照片下面的一個圖層。必要的話，你可以使用編輯＞變形＞縮放來縮放這個新背景，也可以用移動工具來調整。以這個例子來說，我希望這位老人的頭正好位在樹木和大門之間。

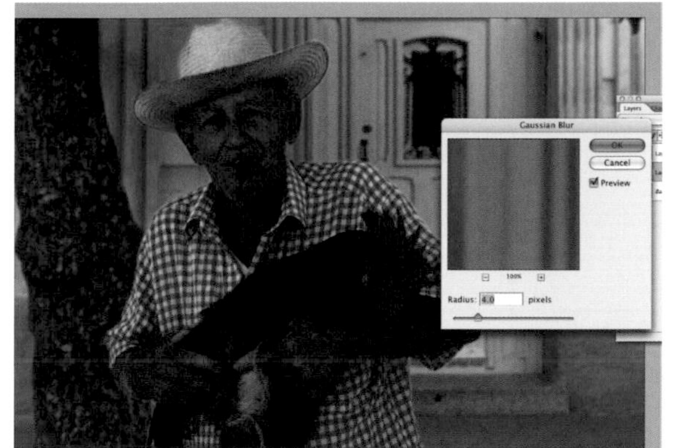

step 7

新照片已經開始成形，但我覺得背景太過銳利，所以我把它變得有點失焦，使用的是高斯模糊──影像＞模糊＞高斯模糊。

step 8

如同事先預測的，我的選取和裁剪，以及老人和新背景之間的結合並不完美。為了補救這些，我選用仿製印章工具，選用一種柔和的筆刷，把老人的輪廓弄得滑順一點，如此就不會讓人明顯看出加進了新的背景。

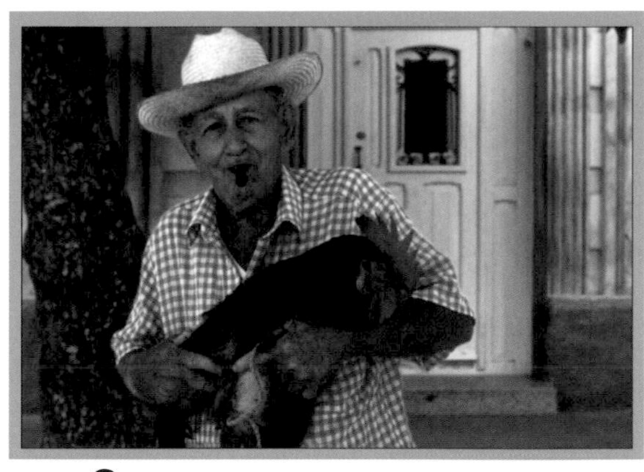

step 9

整個合成過程已經完成，效果也不錯，但只有一個問題──新照片色彩太過鮮豔，我並不喜歡。因此，我決定把它變成黑白，使用的是色版混合法（Channel Mixer，請參閱34-35頁）。接著，我使用影像＞調整＞色相/飽和度(Image＞Adjustments＞Hue/Saturation)，替這張新照片加進暖色調，在跳出來的調整畫面框中移動色相及飽和度的滑桿。

老人與鬥雞，千里達鎮，古巴
你可以從這整套照片中，看出原來的人像照如何改頭換面。這位老人最初只是站在一面淺黃色牆壁前拍照，加進更有趣味的背景後，使得新的人像照變得更有氣勢。但我覺得色彩太鮮豔，先是把它變成黑白，再加進暖色調，終於解決了問題，結果呈現出一幅更為單純的畫面。第一次嘗試就有這樣的成績，不錯。

相機：Nikon F5
鏡頭：50mm
軟片：Fujichrome Velvia 100F

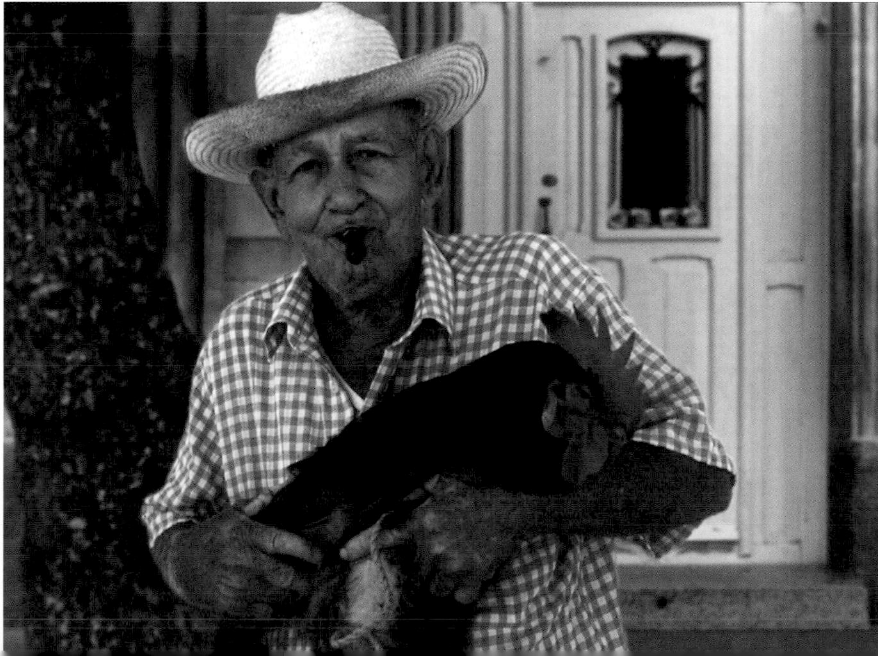

C Colour Filter Effects 彩色濾鏡效果

濾鏡在攝影時有很多作用。我經常使用它們，以確定相機裡的軟片會把我眼睛所看到的景色正確記錄下來──漸層減光鏡(neutral density graduates)可以平衡風景照中天空的亮度；81系列的暖色濾鏡可以緩和軟片所記錄到陽光中的冷色調；較強烈的80系列藍色濾鏡則會把鎢絲燈散發出來的暖色色差抵消掉。

當然，有時候我也會出錯。在匆忙拍照時，我可能忘了使用濾鏡，或是認為沒有必要使用，或是選了一個太強或太弱的濾鏡。不過，現在這些都無所謂了。一旦把照片掃描進入到電腦裡，就很容易修正任何色彩偏差(色偏)，或是加進某種色調，只要你認為，這樣做可以改善畫面品質就行了。

Photoshop CS還提供強大的相片濾鏡(Photo Filter)功能，讓使用者可以加進任何濾鏡，達到修正色彩或變換色調的目的。這表示，數位相機的使用者在拍照時，不必再操心是否要在他們的鏡頭前加上任何濾鏡──而且，加上濾鏡會降低影像品質，即使影響十分輕微。

本章的目的，就是要讓你知道，不管是基於技術或是創作的理由，要如何透過數位化把濾鏡效果加進照片中。

需要什麼

■ 選幾張你認為可以在加進或除去某種色差後，就可以獲得改善的彩色照片。

怎麼進行

方法1 使用色彩平衡濾鏡

在Photoshop裡開啓一張照片，然後前往影像＞調整＞色彩平衡(Image＞Adjustments＞Color Balance)。這時會出現一個對話框，有三道滑桿可以讓你調整照片的彩色值。這個功能可以應用在很多方面。例如，在彩色軟片上長時間曝光，會造成很奇怪的色彩偏差。我看過這樣的例子，照片中的陰暗部分呈現出怪異的綠色調。傳統上，對於這個問題很難修正，但現在使用數位影像處理軟體，很容易就可除掉陰影中的這種色差──只要在色彩平衡對話框下方的陰影點一下，然後移動滑桿，就能夠除去這種色差。

同樣的，如果你在混合光源下拍攝，並在鏡頭前加掛某種修正濾鏡，想要抵消某種光線，但這也會把這個濾鏡的色彩帶進被不同光源照亮的任何其他區域。而在Photoshop裡，你可以選取照片中的個別區域，然後調整它們的色差。

你也可以使用色彩平衡功能來發揮創意，故意在攝影作品中加進某種色差，用來改變原照片的氣氛，或是替黑白照片加進某種色調(152-153頁)。下面介紹如何使用色彩平衡(Color Balance)濾鏡功能的幾個例子，以及經過處理後的成果為何。

消除強烈色偏

幾年前，我在摩洛哥進行攝影之旅期間，拍攝對頁的這張照片。我和這群人在撒哈拉沙漠露宿，晚餐後，同行的嚮導點起營火。我們幾個人圍著營火坐下，一面聊天，一面喝著薄荷茶。跟平常一樣，我覺得營火的溫暖火光應該可以拍出很不錯的照片，於是我拿起相機。

我知道，火焰的低色溫會在日光色溫軟片上記錄下強烈的橘色色差。只要加上一塊藍色的80A濾鏡，就可以解決這個問題，但加上這種濾鏡後，會損失兩級光線；當時光線已經很暗，且快門速度很慢，所以我不能再加上濾鏡。在了解這種兩難的情況後，我就在沒有加濾鏡的情況下拍了好幾張照片。我其實很喜歡這些照片呈現的橘色色調，但也許是有點太過頭，所以我減少了一些青色，增加一些藍色和綠色，終於讓整個畫面的色溫冷卻一點，但同時還保留溫暖的感覺。這時候的影像比較接近我眼睛當時看到的現場感覺。

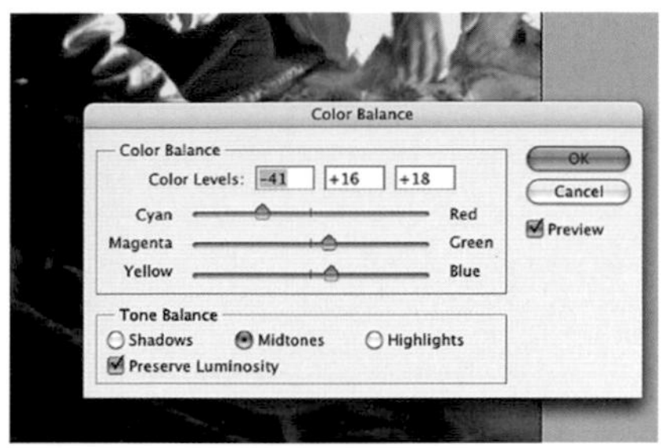

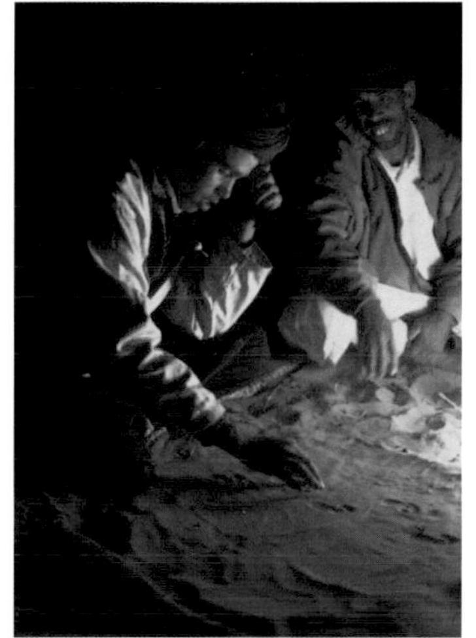

撒哈拉沙漠，摩洛哥
你可以看得出來，使用色彩平衡工具處理後的照片色調，已經比原照片冷一點，顯得比較自然，但又不致喪失原有的氣氛。
相機：Nikon F90x
鏡頭：50mm
軟片：Fujichrome Sensia 400，ISO1600，增感兩級

矯正微少的色差

彩色軟片的設計，本來是要忠實記錄在色溫5500°K光線下的場景──這種色溫通常出現在陽光燦爛的中午。如果超出這種「理想」光線情況太大，那麼，你拍出的彩色照片就會出現微少的色差。

色溫很低時──這大約是在一天的清晨或傍晚──通常很歡迎出現色差的情況，因為會產生溫暖的感覺。但是，當色溫很高時，像是在日正當中的大晴天，因此而產生的冷色差，看來就很不討好。問題是我們看不出這種色差，因為我們的眼睛會自動矯正這些色差，使我們覺得色彩很自然。軟片則因無法作出相同的調整，所以就會把它看到的光線忠實記錄下來。

下頁的得文湖(Derwentwater)跨頁照片，是在下午一點左右拍攝，我本來應該加上81A或81B的暖色濾鏡來矯正當時光線的色差，但因為我當時並未察覺，所以也就沒加。此外，我當時加了偏光鏡，這使得情況更糟，因為在這種光線情況下，偏光鏡會使影像變得更冷調。

這種冷色調相當明顯，所以，在把原始的6×17公分幻燈片掃描進電腦後，我決定把這種冷色調除掉。於是，我使用色彩平衡功能，加進少量的黃色和紅色，把整個影像稍微暖和一下。

修正後的影像的差別並不大，但畫面中的綠色部分看來好很多，湖後方的遠山，以及前景中部分浸在水中的石頭的色彩，看來都有明顯的不同。

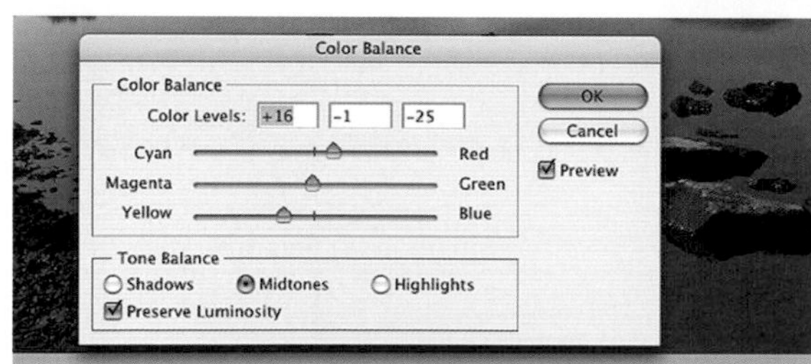

得文湖，湖區，英國
原照片的冷色調，使用色彩平衡功能中的滑桿就可以很輕鬆地去除。處理後的照片更吸引人。
相機：Fuji GX617
鏡頭：90mm
濾鏡：偏光鏡
軟片：Fujichrome Velvia 50

方法2 使用相片濾鏡

我前面說過，Photoshop CS和CS2的使用者另外還有個方便的地方，就是可以在相片濾鏡功能中，把特定的濾鏡效果加進照片中。這項功能不像「色彩平衡」那般有變化，因為在處理不正常的色差時，需要調整一種以上的色彩，才能把色差除掉。但如果只是要單純替某張照片加溫或冷卻，這個功能倒是相當容易使用，速度也快得多。

前往影像＞調整＞相片濾鏡(Image＞Adjustments＞ Photo Filter)，就會跳出對話框，給你兩種選擇。首先，你可以選擇想要的濾鏡。接著，你可以移動濃度(Density)滑桿，改變這個濾鏡的色階。不管是哪個選項，對話框裡的預視功能，可以讓你預先看到調整後的效果。

使用暖色調濾鏡

81系列的暖色調濾鏡，是我常用的必備濾鏡之一。暖色調濾鏡、漸層減光鏡和偏光鏡，是我日常拍攝必會使用的。我會帶上四種強度的濾鏡——81B、81C、81D和81EF。較弱的濾鏡用來抵消光線中較輕微的冷色調，較強的濾鏡則用來加強在清晨和黃昏拍攝時的暖色調。

使用Photoshop的相片濾鏡功能，可以輕鬆模仿出這些濾鏡所能產生的效果。為了向你展示這樣的修正過程，我特別選擇一張在極微弱光線下拍攝的相片。我加了偏光鏡，所以有助於改善天空顏色，並且稍稍增加了飽和度，但整個畫面看起來還是相當冷調。在下面，你可以看到不同的相片濾鏡所能產生的效果——以下的每一個例子裡都選用81濾鏡，但濃度不同，以此模仿出不同暖色調濾鏡的效果。

原始

81B

81C

81D

81EF

艾恩茅斯，北安伯蘭，英國
(Alnmouth, Northumberland, England)

從這6張相片的比較，可以看出，使用Photoshop CS和CS2中的「相片濾鏡」功能，就能夠創造出最常用的暖色調濾鏡效果。

相機：Pentax 67
鏡頭：105mm
濾鏡：偏光鏡
軟片：Fujichrome Velvia 50

C Colour to Black and White 彩色變黑白照片

我第一次的數位影像實驗，就是把彩色照片變成黑白照，然後用噴墨印表機將它們印出來。這種早期的實驗作品當然算不上是出色的藝術作品，但它們肯定讓我十分了解，這種技法可以發揮多大的功效，也啓發我去更深入研究各種改造彩色照片的不同技法，並且用它們創作出藝術黑白照。

很多攝影人都有個固執的想法：如果想要創作黑白照片，應該一開始就拍攝黑白照片。我個人則覺得這並沒有什麼關係，只要最後產生的結果看來很賞心悅目，並且能夠啓發觀看者的靈感就行了。

用數位手法把彩色照片轉變成黑白照片，也有很大好處。你可以取出多年前拍攝的彩色照片，替它們注入新生命。有時你甚至會發現，事實上，把它們變成黑白照片後，效果反而更好。

需要什麼

■ 幾張精選的彩色照片。可以是彩色負片或幻燈片、彩色照片，或是用數位相機拍攝的影像檔。如果你想掃描原照片，一定要選用高解析度，同時選RGB模式，如此才能保留所有的彩色資訊。

怎麼進行

有很多種方法可以把彩色照片變成黑白照片。最快和最簡單的方法也可以產生不錯的效果，但如果你想要對最後的結果做更多的變化，就值得學會一些比較花時間、也比較複雜的技術。

方法1 轉變成灰階

到目前為止，把彩色照片變成黑白照片，最簡單的法子，就是選擇影像 > 模式 > 灰階(Image > Mode > Grayscale)，如此一來，影像中的所有顏色資訊會被全部除去。這會使檔案變小，但這張照片就會被永遠改變。使用這種直接轉變方法產生的黑白照片，會比較平板而沒有立體感。你可以改善這個缺點，在Photoshop裡使用色階功能——影像 > 調整 > 色階(Image > Adjustments > Levels)——調整色調平衡和對比。較不具破壞性的方法會產生更好的結果，但如果你真的想把一張彩色照片轉變成黑白照片，千萬記得先從原始照片複製過來，否則你會永遠失去這張原始彩照。

彩色大門，哈斯拉畢亞，摩洛哥 (Painted Door, Hassi Labiad, Morocco)
這是原始的彩色照片。我用幾種不同的方法把它變成黑白照片，請注意這幾張改變後的黑白照片的灰色調，彼此之間呈現出多大的不同。
相機：Nikon F90x
鏡頭：28mm
濾鏡：偏光鏡
軟片：Fujichrome Velvia 50

這是把原彩照轉變成灰階，而且沒有對影像做任何處理後的結果。雖然原照片中不同色彩的對比相當強烈，但這張照片卻呈現出彼此類似的灰色調。

方法2 去除影像飽和度

首先，在Photoshop裡打開一張彩色照片，接著選擇影像＞調整＞去除飽和度(Image＞Adjustments＞Desaturate)，這張照片將會轉變成黑白，但所有的色彩資訊都會保留下來，所以你可以用其他方法來處理它，像是調色(toning，請參閱第148-153頁)。這種方法比轉成灰階好得多，不過，用這種方法轉出來的黑白照片，仍然需要再進行處理，才能使畫面呈現足夠張力。選擇影像＞調整＞色相/飽和度(Image＞Adjustments＞Hue/Saturation)，接著，把飽和度滑桿拉到最左邊，同時也會讓影像同樣失去飽和度。

去除影像的飽和度，也可以產生類似轉變成灰階的結果。

方法3 使用Lab色彩模式

使用 Lab 色彩模式把一張彩色照片變成黑白照片，也是一種比較快速和容易的方法，而且它會產生品質更好的成果，也不需要太多的後續處理，就能獲得可以接受的結果。

step 1

選擇影像＞模式＞Lab色彩(Image＞Mode＞Lab Color)。彩色照片本身沒有任何改變，但這時候，這張照片已經是Lab色彩模式，而不是RGB模式。

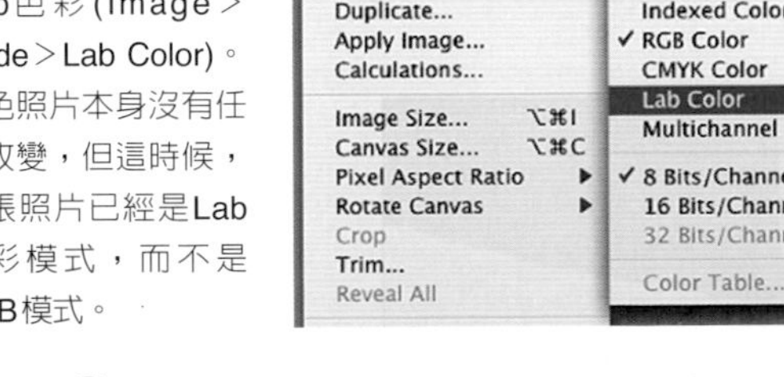

step 2

接著，選擇視窗＞圖層(Window＞Layers)打開圖層面版，然後點選色版(Channels)。你將會看到四個圖層：Lab、明亮(Lightness)、a、b。

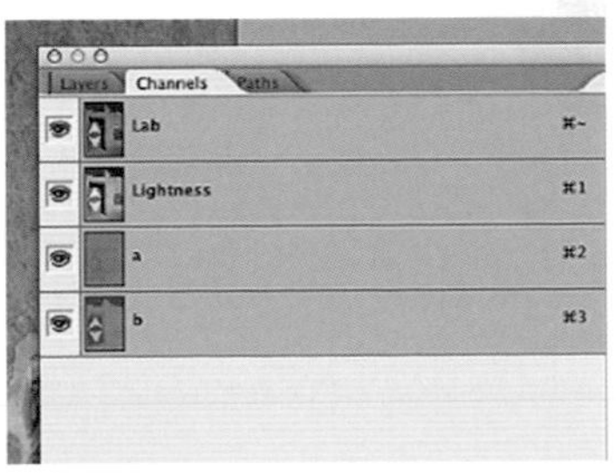

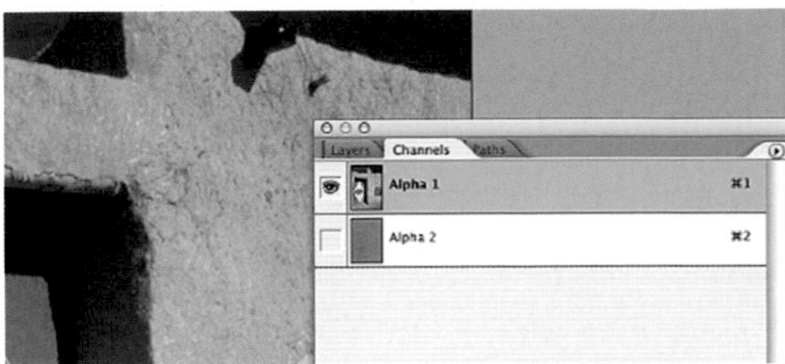

step 3

現在需要把a色版或b色版去除——除掉哪一個都沒有關係，點其中一個，把它拖進垃圾桶的圖示裡丟掉。這樣做的結果，可以讓你得到一張高品質的黑白照片，這比使用灰階或去除飽和度方法所產生的黑白照片，擁有更好的明亮度和陰影。

轉成Lab色彩模式，可以產生較佳品質的黑白照片——注意，它的亮部和陰影部分都會獲得改善。

方法4 使用色版混合器

把彩色照片轉成黑白照片，有一個較為複雜的方法，就是使用Photoshop的色版混合器(Channel Mixer)。這讓你可以分別調整每個色版的色彩，如此產生的效果，類似你用軟片拍攝黑白照片時，在鏡頭前加上彩色濾鏡。但在Photoshop裡，你得以控制的空間更大，因為你可以在單獨一張照片加上不只一個濾鏡的效果。使用色版混合器，除了讓你對黑白照片擁有更多的處理空間，也不會破壞原始照片的任何色彩資訊。

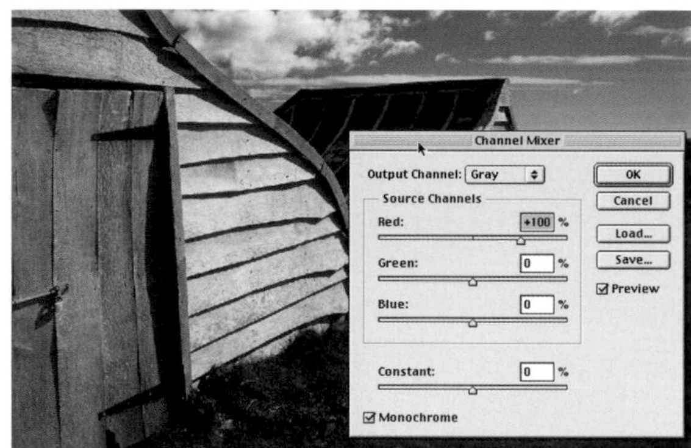

step1

首先從原始彩色照片複製一個調整圖層，選擇影像＞圖層＞新增調整圖層＞色版混合器(Image＞Layer＞New Adjustment Layer＞Channel Mixer)，在色版混合器對話框上點選確定，就會進入調整對話框，紅色色版通常設定為100%，其餘色版則設定為0%，如圖所示。這時點選對話框最下面的單色(Monochrome)選項，如此產生的效果，類似在拍攝黑白照片時，在鏡頭前加上一塊紅色濾鏡。

step2

試著將每個色版的滑桿移到不同位置，看看會對影像產生什麼效果。例如，如果你把綠色色版設定為100%，其他色版為0%，這樣的效果等於透過一塊綠色濾鏡拍攝。

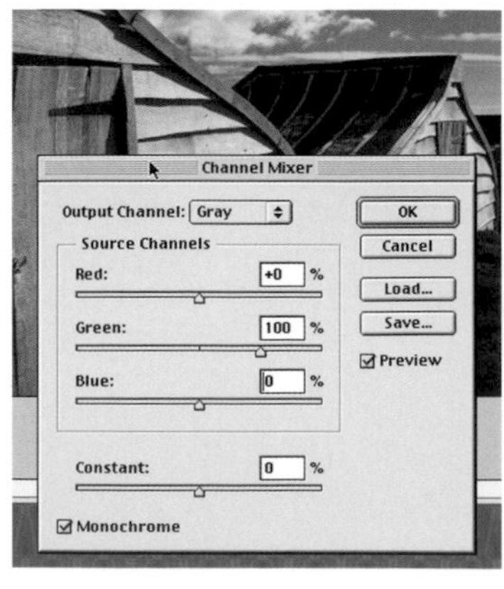

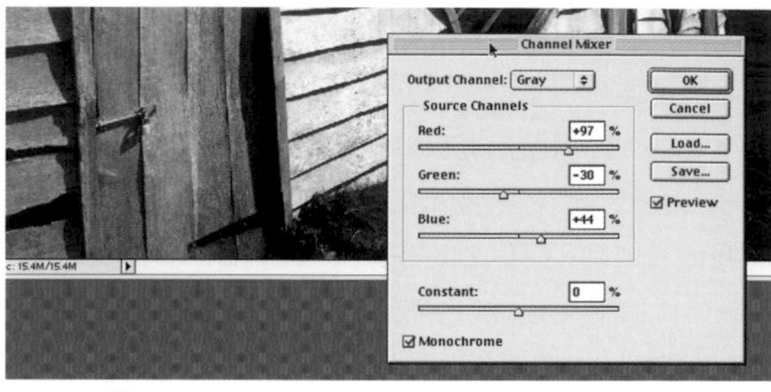

step3

你可能會發現，把每一個色版的滑桿位置都加以改變，獲得的效果最好。所以，可以多多嘗試，看看會產生什麼效果。

漁夫小屋，霍利島，北安伯蘭，英國 (Fishermen's Huts, Holy Island, Northumberland, England)

這是原始彩色照片，用來示範如何使用色版混合器將它轉變成黑白照片。

相機：Mamiya 7II / **鏡頭**：43mm / **濾鏡**：偏光鏡

軟片：Fujichrome Velvia 50

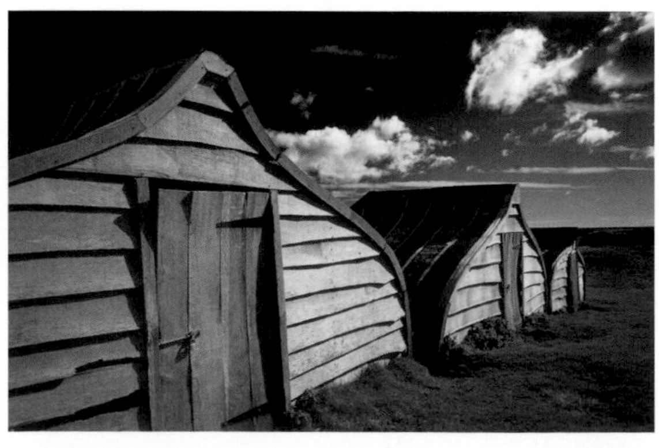

使用色版混合器，可以讓你調整影像的色調，其結果類似你在拍攝時在鏡頭前加上彩色濾鏡──而且你會擁有更大的調整空間。

方法5 增加色彩飽和度

色版混合器方法還有一個很方便的附加步驟，就是先增強原始照片的顏色飽和度，然後再把它轉成黑白。選擇影像＞調整＞色相/飽和度(Image＞Adjustments＞Hue/Saturation)，接著，在對話框的編輯窗口選擇你想要調整的顏色。如果你選藍色，並把飽和度滑桿移到右邊，藍色天空的顏色會變得更深，也更飽滿。毋須擔心這樣的顏色看來會很怪異：把它轉變成黑白後，問題就會消失。試著選擇其他顏色重複這個過程，然後轉成黑白，使用影像＞調整＞色版混合器(Image＞Adjustments＞ChannelMixer)，在色版混合器的對話框裡，把單色(Monochrome)選項打勾。這應該會產生大膽色調的黑白影像，不過，你還是可以使用前面所介紹的方法，在色版混合器裡做更進一步的調整。

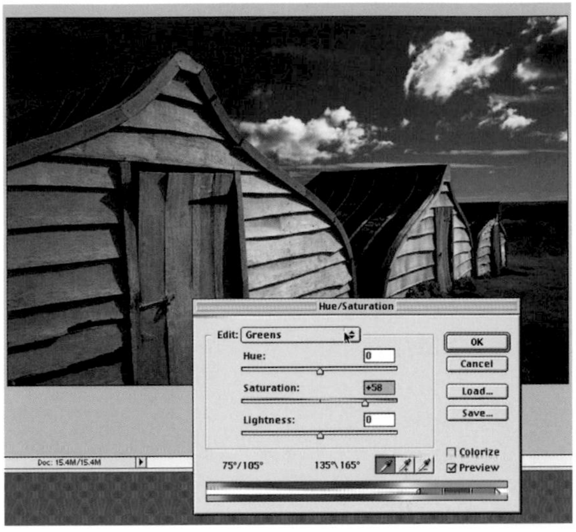

增加個別顏色的飽和度，同時把某些顏色調淡，甚至可以更進一步改善你的黑白照片的品質。以這個例子來說，天空的飽和度被加強了，所以它的色調變得更深，而青草的顏色則變淡。

方法6 軟片與濾鏡方法

在我們探討的各種方法當中，最有變化的一項技術，就是分別對兩個圖層進行色相/飽和度調整。將其中一個圖層去除飽和度，並把它當作是一張黑白軟片；第二個圖層則模仿在鏡頭前加上修正反差濾鏡的效果。對濾鏡圖層進行色相/飽和度調整後，就有可能完全改變影像的氣氛。雖然這個方法比本章介紹的其餘方法更耗費時間，但到目前為止，卻是我最喜歡的方法。而且，我深信，一旦你試過，一定也會跟我有一樣的想法。

step 1

首先從原始照片複製一個調整圖層。打開圖層面版──視窗>圖層──然後點選和按住新調整圖層(New Adjustment Layer)指令，選色相/飽和度(Hue/Saturation)。按下確定，去掉色相/飽和度對話框，然後把這個圖層的混合模式改成顏色(Color)。這就是你的濾鏡圖層，雙點擊它的圖示，將它重新命名為「Filter」。

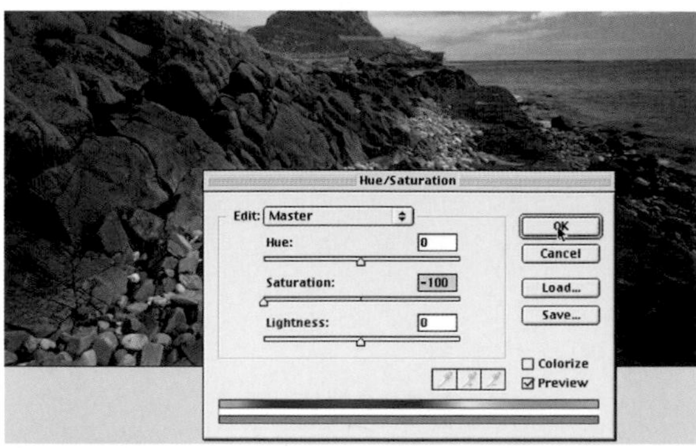

step 2

這時候，你需要製作你的「Film」(軟片)圖層。作法：在圖層選單中，點擊並按住新調整圖層指令，再選色相/飽和度。在色相/飽和度對話框裡，把飽和度滑桿移到100，於是影像的所有顏色都被移除，接著按下確定。雙點擊這個圖層的圖示，把這個圖層重新命名為「Film」。

step 3

點選「Filter」圖層，然後雙點擊打開色相/飽和度對話框。你現在只需移動色相和飽和度的滑桿，看看會對色調平衡、畫面氣氛和張力會產生什麼影響。以這個例子來說，我發現，把色相滑桿移到左邊，以及把飽和度滑桿移到右邊，所產生的效果最好，但每張影像的情況不同。

step 4

再進一步，你也可以控制每一種顏色的色相和飽和度。首先雙點擊圖層面版裡的Filter圖層的圖示，打開色相/飽和度，接著點選對話框上方的編輯視窗。選一種顏色，例如藍色，並且調整色相和飽和度的滑桿，讓原始彩色照片中原來是藍色的色調產生變化。再選另一種顏色，例如綠色或紅色，重複同樣的調整動作，直到你對影像的色調平衡感到滿意為止。

林地斯法恩古堡，霍利島，北安伯蘭，英國 (Lindisfarne Castle, Holy Island, Northumberland, England)
從本頁這三張照片，就可以看出，用軟片和濾鏡方法把彩色照片變成黑白照片的效果極佳。最右邊那張照片只是簡單地將原始彩色照片去除飽和度，色調看來很平淡。下面這張照片則是我使用軟片和濾鏡方法完成的，我調整了每種顏色的色相和飽和度，結果創作出一張更有張力的黑白影像。
相機：Mamiya 7II / **鏡頭**：43mm / **濾鏡**：偏光鏡 / **軟片**：Fujichrome Velvia 50

C Crazy Colours 瘋狂色彩

我剛對攝影產生興趣時，數位影像不但尚未流行，而且費用昂貴，所以，那時想要創作出超現實影像，過程可是非常耗費時間，必須使用一些十分複雜的技術，像是高反差遮掩法(lith masking)和針記法(pin registration)。即使如此，使用這些技法創作成功的機會卻又微乎其微，而且就算成功了，品質仍然很差。

不過，現在所有一切都改變了，只要動一動滑鼠，就可以創作出任何古怪、創意十足的影像。世俗照片在幾秒之間就可以變形，不管你的想像力有多麼天馬行空，想要把你最瘋狂的幻想畫面變成真實的照片，不再是問題。

在數位影像中，這是我最喜歡的部分──選一張照片，拿它來作實驗，看看會發生什麼變化。就算沒有什麼結果，肯定也會很好玩，而且這也是打發冬日無聊午後的最佳方法。

以這幾頁的例子來說，我選了一張35mm彩色幻燈片，內容是一朵亮黃色的花兒和鮮紅色的背景。我先拿它來掃描，然後在Photoshop中調整它的色相和飽和度。不到幾分鐘，我已經利用原始影像創作出十幾種變化影像。這一切是如此快速和簡單，真的是太神奇了。

當然，如果光是創造出新的影像，卻不知道拿它們作什麼用途，其實也沒什麼意義，但這個問題很快就解決了。我翻閱書房裡的一本藝術書籍，一眼就看到普普藝術大師安迪．沃荷(Andy Warhol)著名的瑪麗蓮夢露作品。於是，我決定拿我的花朵影像進行類似的創作。

最後的成果是一張吸引眾人目光的影像作品，我不僅把它印成大張海報，同時也把它作成明信片，寄給家人和朋友。

需要什麼

- 選一張構圖簡單的照片。鮮花最理想，但建築物或任何抽象作品都可以，只要畫面簡潔有力，而且色彩鮮豔。

怎麼進行

step 1

在Photoshop裡開啓選好的照片，複製，然後選影像＞調整＞色相/飽和度(Image＞Adjustments＞Hue/Saturation)。慢慢移動色相滑桿向左或向右，看看影像的色彩產生什麼變化。當你對創作出來的結果感到滿意時，就可以按下確定鍵。

重複這個過程幾次，直到你已經從原始照片中創作出好幾種變化，而每一種都有不同的生動色彩。我大概會創作出十幾種不同版本，但你想創作出多少種都沒關係。為了增加變化，可以把調整後的影像複製下來，再用這些複製影像來作變化，而不必每次都拿原始照片來處理。一旦擁有足夠數量的影像，接下來就要創作出你的安迪．沃荷風格海報了。

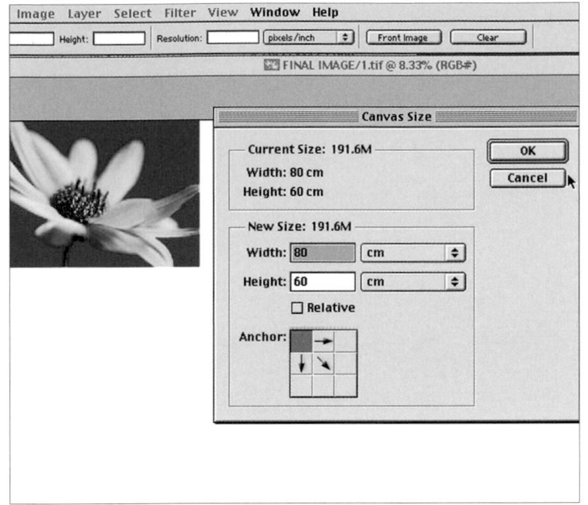

step 2

創作海報，首先開啓及複製其中一張已經調整過的影像，替它重新命名，接著擴大版面大小(影像>版面尺寸，Image>Canvas Size)。我一向都把版面擴得特別大，太大要比太小好——最後再把任何超出的版面刪除即可。以這個例子來說，我把版面設為80公分寬、60公分高，並且選擇左上錨點，因此，第一張影像就會停留在版面的左上角。

step 3

打開你想要將它加進組合圖裡的下一張影像，並且使用移動工具把它拉到版面中，小心地把它擺在適當的位置上。我決定在各個影像之間留下小小的空隙，這樣看起來比較美觀。其餘影像也重複同樣步驟，直到完成整個版面的構圖。

step 4

一旦所有影像都就位，接下來便是裁掉多出來的版面——多出來的區域應該在右邊和下面。接著，再選影像>版面尺寸。讓錨點留在原來預設的中間位置，增加版面大小，長寬都增加相同的數字，如上圖所示——這將會在組合圖四周出現一道空白邊框。

step 5

接著，再選影像>版面尺寸。點中上錨點，然後再將版面的高度增加一點點，如此一來，下方的白邊框會比上面及兩邊大一點。這樣做的原因，是要讓你在下方空白處加進作品標題和姓名，讓完成後的作品看起來更像專業海報。

想要加進文字，選Photoshop工具箱的文字工具，先在海報下方邊框空白處拉出一個文字輸入框，這時你可以把標題打進海報中。打完標題後，按鍵盤上的enter鍵，把你的姓名打在下一行。

試試多種不同的字型和字級。在螢幕上方的一個下拉視窗，會顯示出各種字型供你選擇──我選的是Times字型。你也可以選擇把文字擺在左邊或右邊，或是中間。我選擇把它放在中間，好看起來俐落一點。我也把我的姓名字級縮小。等到一切都滿意了，再前往圖層>影像平面化(Layer>Flatten Image)，把所有變化儲存起來。

step6

最後一步，就是在版面外圍製造一道黑色細框，主要是為了在印出海報時，可以讓白色邊框看來更為突出。

想要增加這樣的一道細框，選擇選取>全部(Select>All)，然後再前往編輯>筆畫(Edit>Stroke)，這時會出現一個對話框，可以讓你選擇黑粗框的寬度(畫素)、顏色、透明度和位置(在版面邊緣裡面、外面或中間)。我選擇在版面外的一道黑粗框，5畫素寬，不透明度100%。

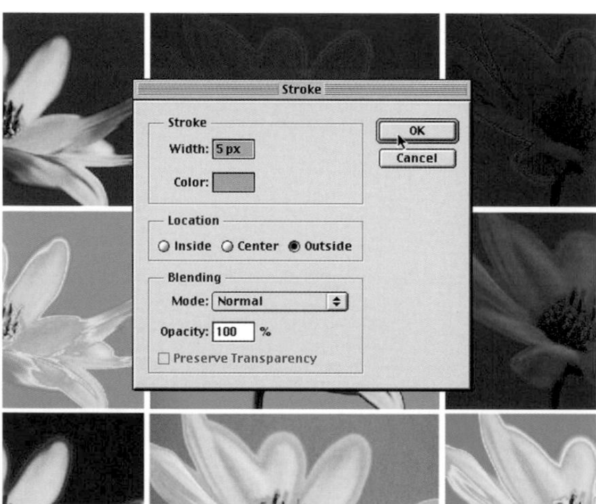

這些都是原始影像的變化。移動每張影像的色相調整滑桿，就可以改變每張影像的顏色，多試幾次，便能產生不同凡響的結果。

鮮花

這是原始影像，利用窗戶透進來的陽光拍攝，把花兒擺在一張紅色卡紙前──可以在美術材料行買到這種卡紙。另外在窗戶對面擺一塊反光板來補光，以消除陰影。接著把洗出來的35mm彩色幻燈片用高解析度掃描。

相機：Nikon F90x / **鏡頭**：105mm微距鏡頭

軟片：Fujichrome Sensia II 100

CRAZY FLOWERS
LEE FROST

這就是最後的成果：令人眼睛為之一亮的精美海報，包括從原始影像變化而來的九個新影像，排成規矩的九宮圖案，另外加上標題和細緻的黑框線。這一整套處理過程，可以讓你發揮無限的想像力，盡情從事各種創意創作。而製作出來的海報，不輸你在藝品店或畫廊裡看到的任何名家作品。安迪．沃荷，不要太傷心了！

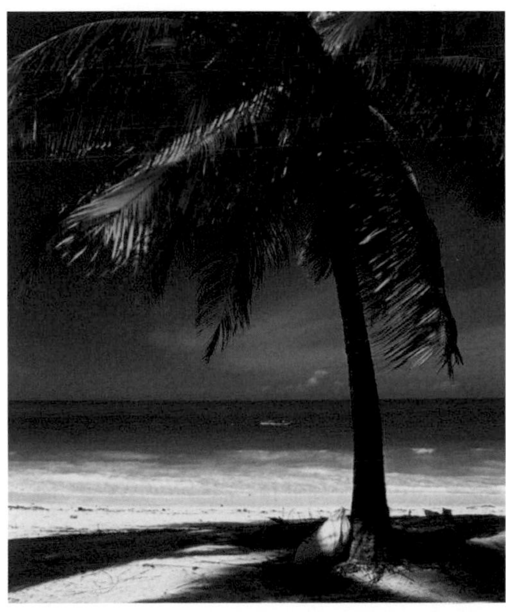

賈比安尼，尚吉巴 (Jambiani, Zanzibar)
誰說棕櫚樹一定是綠色的──為什麼不能是藍色？讓人驚訝的粉紅色天空又有什麼不對？有了Photoshop，什麼事都有可能，所以，盡量發揮你的想像力吧！
相機：Nikon F5 / **鏡頭**：28mm / **濾鏡**：偏光鏡
軟片：Fujichrome Velvia 50

C Cross-Processing 正片負沖

從1980年代起，使用錯誤的藥水來沖印彩色正片或負片，這被稱為正片負沖或負片正沖，一直是專業攝影師最常用的技術。在不同品牌的軟片上，會出現各自不同的效果，而一些效果最好的軟片，現在則已經不再生產。我最喜歡用這種技術處理的軟片是Agfa RSX幻燈片。Fujichrome Velvia、Provia和Sensia系列軟片的效果也很不錯。

我比較喜歡將彩色正片用負片的沖洗藥水(C-41)來進行正片負沖，這樣處理出來的作品，反差高(明暗對比強烈)、粒子粗、色彩鮮豔，而且有很明顯的暖色調。負片軟片用正片沖洗藥水(E6)來處理，會產生顏色較淡、低色調的影像，亮部與陰影會出現變化，並損失亮部的細節。

以下介紹如何用數位處理方式達成這種正負沖的效果。

需要什麼

- 選幾張彩色照片。構圖大膽、色彩鮮豔的照片，用來進行正負沖的效果最好。而顏色較淡、淺色背景、更細緻的影像，則用來進行負片正沖的效果較佳。

怎麼進行

方法1 幻燈片負沖

step1

選影像＞調整＞曲線(Image＞Adjustments＞Curves)，改變色版的RGB值。我選擇輸入(Input)188，輸出(Output)225。

step2

點選紅色色版。我將輸入值改為204，輸出值改為222，但不要用輸入數字的方式，試著調整曲線本身——你可能會得到更好的效果。

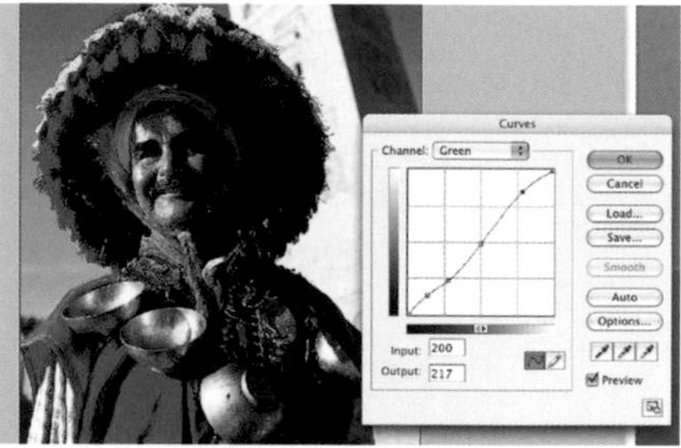

step3

在綠色色版裡調整曲線，讓輸入和輸出值分別為200和217。

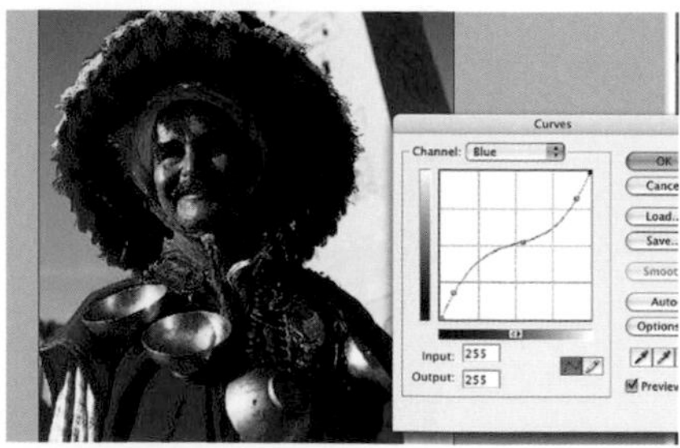

step4

再調整藍色色版的曲線，讓輸入和輸出值分別為255和255。每一項都可以調整它的曲線，或是直接輸入數字。

step 5

接著，我增加雜訊(Noise)7%，以模仿正片負沖的粒子。

step 6

最後，我先調整色階，接著調整色相/飽和度，以達到我想要的效果。

賣水人，馬拉克茲 (Waterseller, Marrakech)

這樣的影像最適合以正片負沖處理，它的構圖大膽，色彩鮮豔。我拍了好幾捲幻燈正片，然後將它們正片負沖。我對這兒所呈現的結果感到很滿意──它的中色調偏黃，其餘色彩則維持相當真實，但飽和度和對比增加，粒子更為明顯。

相機：Nikon F90x / **鏡頭**：50mm

軟片：Fujichrome Sensia II 100

方法2 負片正沖

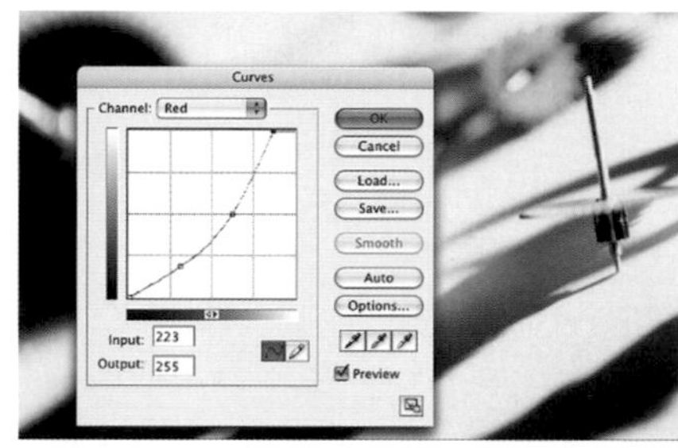

step 1

打開影像，接著前往影像＞調整＞曲線，點選紅色色版。把輸入值改為223、輸出值改為255，或是乾脆拉扯曲線，讓曲線呈現如圖中這般模樣。請注意看紅色色版亮部的位置——這有助於增加色彩的亮度。

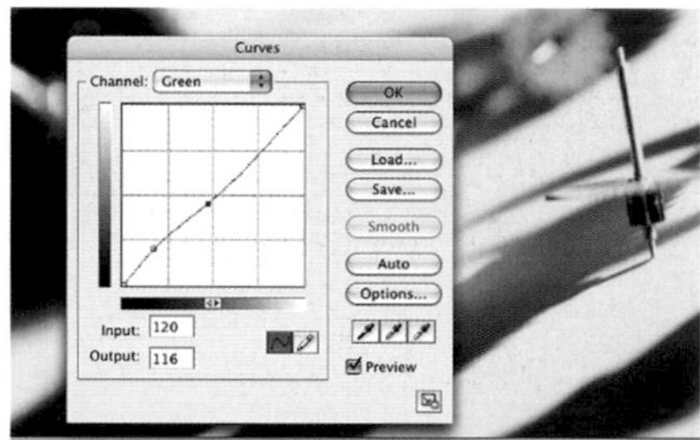

step 2

選綠色色版，調整曲線，將它的輸入值和輸出值分別調為120和116。

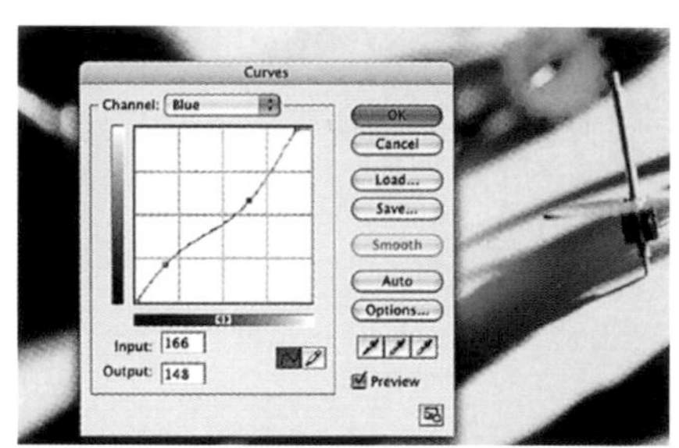

step 3

選藍色色版，調整曲線，將它的輸入值和輸出值分別調為166和148——或是拉動曲線，讓它成為像圖中這種形狀。

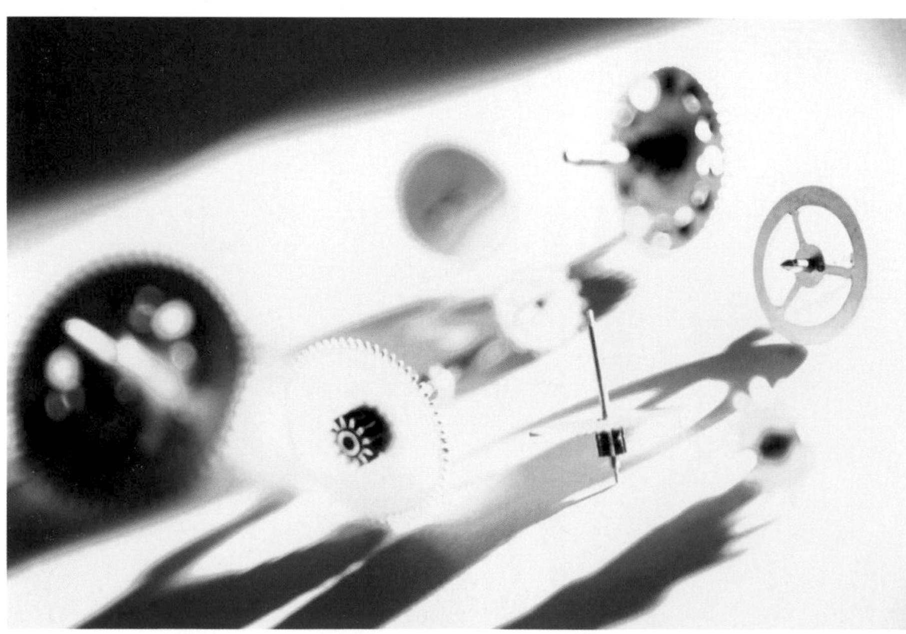

手錶齒輪

這些齒輪放在白紙上，拍攝時沒有加濾鏡，只用一架幻燈片的播放機作為唯一光源——因此，在原幻燈片上呈現一種暖色調。為了模仿出用正片沖洗藥水(E6)對負片進行正沖的效果(亮部和陰影部分更亮，亮部細節則遭到壓抑)，先調整曲線，接著調整色階，再讓亮部更亮。

相機：Nikon F90x
鏡頭：105mm微距鏡頭
軟片：Fujichrome Velvia 50

手機
我拍攝這張照片，是為了供我服務的影像圖書館使用，希望呈現出商業生活的繁忙和壓力。原始照片是用彩色正片拍攝，我相當滿意，但現在再用數位方法替它製造出正片負沖的效果，結果創作出一張更不俗的影像。我把這張影像的曲線調整得和手錶齒輪一樣。

相機：Nikon F90x
鏡頭：105mm微距鏡頭
軟片：Fujichrome Velvia 50

D Depth-of-Field Effects 景深效果

常見的一項攝影技術，就是使用望遠定焦或望遠變焦鏡頭，並且開最大光圈，如此一來，景深就會最淺，只有畫面中的一小部分能夠被清晰地記錄下來。

這種攝影技術通稱選擇聚焦(Differential focusing)，是很好的攝影手法，可以把你的主體從會讓觀看者分心的雜亂背景中分離出來，並將他們的眼光引導到畫面中的特定區域，同時也會把強烈的三度空間感覺加進照片中。這種攝影手法通常用來拍攝人像，可以讓背景呈現美麗的模糊感，讓觀看者只能把注意力集中在主體身上。但用來拍攝各種題材的效果也不差，從風景、建築到微距和野生自然生態，都可以使用這種攝影技術。

想要在Photoshop裡作出類似的效果，其實相當容易，而且比你實際使用相機和鏡頭拍攝時，更能夠有效控制最後的成果。因為你可以選擇要讓畫面中的哪個區域呈現出清晰銳利，哪些區域則保持模糊，以及要呈現多少的模糊程度。這要用到Photoshop CS裡的高斯模糊(Gaussian Blur)功能，或者，如果想要製造出更佳效果，就選用鏡頭模糊濾鏡(Lens Blur Filter)功能。

需要什麼

- 選幾張彩色或黑白照片，你可以考慮把畫面中的主體或焦點分離出來。

怎麼進行

方法1 使用高斯模糊

step1

打開你選好的照片，然後使用套索工具(Lasso tool)選取主體，以便將它分離出來，接著前往選擇＞反轉(Select＞Inverse)。這時你將會發現，套索的「虛線」不僅包圍在你選取的區域，同時也包括影像的四周。這表示，你現在可以處理原選取區域以外的所有區域。

step2

前往濾鏡＞模糊＞高斯模糊(Filter＞Blur＞Gaussian Blur)，調整滑桿。在這兒，我把強度(Radius)設為1.5畫素，以模糊小屋以外的所有區域。在這個步驟裡，注意不要模糊過度。

step3

使用矩形選取畫面工具(Marquee tool)在主體四周選取更大的範圍，並且設定羽化(feather)程度為50畫素，讓矩形畫面選取工具的四個角呈現圓弧狀。接著，再度前往選擇>反轉，並且套用高斯模糊。

step4

重複第3步，但要使這次的選取範圍大過上次的選取。這樣做的原因，是想要更進一步增加主體四周的模糊區域——這就好像你用大光圈拍攝，可以模仿出景深效果。在這兒，我把強度設為3.5畫素。你可以從預視畫面看出套用高斯模糊的畫面變化。如果你發現模糊過度了，只要把滑桿向左拉一點點，模糊強度就會減少。

草原小屋，索尼，劍橋郡，英國 (Canary Cottage, Thorney, Cambridgeshire, England)

我曾經住在離這幢茅草屋頂小屋不遠的地方，好幾年來，我一直掛念著它，終於有一天，就在一個晴朗無雲、陽光充足的早晨，我決定替它拍張照片。我一直很喜歡這張照片，因為它的構圖很簡單，色彩大膽。但在將小屋孤立出來、並且把畫面的其餘區域變得模糊之後，我認為效果甚至更好，看起來也更有創意。

相機：Walker Titan 4x5吋
鏡頭：65mm
濾鏡：偏光鏡
軟片：Fujichrome Velvia 50

方法2 使用鏡頭模糊濾鏡功能

對Photoshop CS的使用者來說，還有另一個方法，就是使用鏡頭模糊濾鏡功能——濾鏡＞模糊＞鏡頭模糊(Filter＞Blur＞Lens Blur)。這項功能可以讓你模糊畫面中的某些部分，如此就可以顯示出脫焦的效果。跳出來的對話框可以給你不同的選擇，變化不同的效果。想要獲得最佳效果，你必須創造一個圖層，使用筆刷工具把你想要保持清晰的區域畫掉——接著，就可以把畫面中的其餘區域模糊化。這個方法比單純使用高斯模糊來得更精密，但也要用到更多步驟。

step1

打開你選好的影像，然後打開圖層面版——視窗＞圖層(Window＞Layers)。接著，把圖層面版裡的影像圖示，向下拉到面版下端的建立新增圖層(Create a New Layer)圖示。

step2

這時，將背景拷貝(Background copy)圖示，向下拉到面版下端的增加遮色片(Add Layer Mask)圖示裡，會有一個白色方塊出現在背景拷貝圖示的後面。在進行到第3步之前，點一下背景圖層圖示旁邊的眼睛圖示，如此一來原始影像的圖層就會被關掉了。

step3

在圖層面版裡，點一下圖層遮色片圖示(背景拷貝圖示後面的白色方塊)，然後點選畫面左邊工具箱的筆刷工具(Brush tool)——用它開始把你想要保持清晰銳利的區域畫掉。一開始使用較大的筆刷，然後減少筆刷大小和形狀，再把較小的區域畫掉。

step4

當你要畫掉較小的細節時，先把影像放大——以我這個例子來說，我把筆刷大小減少到只有3畫素，來把這名男子的手部畫掉。如果你使用太大的筆刷，在處理較小的細節時會很困難，這會影響到最後影像的效果。

step5

經過幾分鐘的努力後，你的這項工作應該完成了。如圖所示，我畫掉了前景中兩名正在大聲爭論的男子，如此一來，我就可以把畫面中的其餘區域都模糊掉，將他們兩人凸顯出來。

step6

點選圖層面版的背景拷貝圖示，然後前往濾鏡 > 模糊 > 鏡頭模糊。這時就會出現一個相當壯觀的對話框，並有一張很大的預視影像。在景深對應(Depth Map)項目裡，點選來源(Source)視窗，並從彈出的選項中選擇圖層遮色片(Layer Mask)。這時，你應該能夠看到哪些區域受到這個濾鏡功能的影響，以及被你遮掉的清晰區域。在這個鏡頭濾鏡對話框裡，我所做的唯一改變，就是把「反射的亮部」(Iris)的亮度減少到18，如此一來，背景才不會太過模糊。在你對最後結果感到滿意之後，按下確定，儲存這些變化。

演講角，倫敦，英國

我使用20mm廣角鏡頭近距離拍攝這兩名男子，即使已經把光圈開到最大，但拍出來的影像的景深還是很深，連背景也相當銳利清晰。我使用鏡頭模糊功能，就能夠把這兩名男子從背景中分離出來，讓他們更為突出──這樣的效果，和使用望遠定焦鏡頭或望遠變焦鏡頭，並把光圈開到最大是一樣的。

相機：Nikon F5
鏡頭：20mm
軟片：Ilford HP5 Plus

D Digital to Film 數位影像變成軟片

你也許不知道，事實上，數位影像已經不再只是在網路空間飛來飛去的一些小點點。感謝現代科技，現在已經能夠複製數位檔，或是把數位檔「寫」回傳統軟片。因此，從一小張軟片誕生的影像，經過掃描和處理，最後又會再度成為一張軟片；使用數位相機拍出來的數位影像，也可以作這樣的處理。

既然如此，當初又何必如此麻煩？哦，跟很多攝影人一樣，我仍然很喜歡用軟片拍攝，但我也很喜歡擁抱數位影像數不盡的好處。如果我用軟片拍攝的某張照片，讓我覺得不盡完美，我可以將它掃描、處理，然後把它存回原來的軟片檔。我也可以創造出一些無法使用相機完成的效果，再把最後成果儲存成彩色幻燈片。

回存到軟片檔，對黑白照片有很大好處。你可以使用Photoshop，把一張彩色照片轉變成黑白照片（請參閱第30-37頁），接著把這個檔案儲存成黑白軟片，並且把它列印成布面相紙的傳統照片，以這項技術來說，數位影像的品質還是比不上傳統影像。像這種古老和新技術和諧共存的情況，豈不是很好嗎？

需 要 什 麼

- 選幾張彩色照片和黑白照片，以及一家提供寫入軟片服務的沖印店。目前大部分專業沖印店都有提供這種服務，所以你可以翻翻電話簿，或是上網尋找這樣的沖印店。

怎 麼 進 行

把數位影像轉變成軟片的實際技術，是我們自己無法完成的──除非你願意花上大筆金錢，並且購買自己的軟片成像機(film writer)，但我不建議你這樣做。

幸運的是，外面有很多專家可以提供這樣的協助。我住家附近的沖印店有提供這種軟片成像服務，可以把數位檔輸出成正片或負片，型式則從35mm到10×8吋都有。

以下提供兩個例子，說明從軟片轉成數位，再轉回到軟片的好處。

方法1 除去不想要的部分

我在幾年前拍了這張風景照（對頁，上圖）。畫面景色很完美，光線也很漂亮，但有個問題──一道飛機的凝結尾劃過天際。我知道光是這個缺點，就不會有人想要買我這張照片。但我反正已經浪費一張軟片把它拍下來，而且我也很喜歡這個景色，再說，我既然已經跑那麼遠去拍這處風景，總要好好利用它。

這張照片是幾年前拍的，現在我有了一部不錯的掃描器、一套Adobe Photoshop軟體和一部新電腦。我在購置這些新 「玩具」後所做的第一件事，就是把這張原始正片掃描進電腦裡，把那道可怕的飛機凝結尾除掉，這只花了幾分鐘時間，但整個畫面卻大大不同了。我也順便調整了一下色彩，並把整張照片做了大概的修飾，然後把它存成一個50MB大的TIFF檔，燒錄到CD裡，再送到沖印店，將它回寫成軟片。

由於我現在仍然使用軟片拍攝，而且我交出作品時幾乎都只送出軟片，所以這張照片現在成了我的代表作之一，並且已經被刊出過幾次。

方法2 改善原始照片

1995年，我前往馬爾地夫拍攝資料照片。有一天，我跟著一群觀光客前往幾個小島遊覽，午餐時，我拍下對頁下面這張風景照。這張照片應該會很受歡迎，但當時的光線很糟糕，太陽在頭頂上方，有點朦朧，天空的顏色也有點暗沉。即使在鏡頭前加了偏光鏡，也沒太大改善。

幾年後，我找出這張照片，決定把它掃描，看看能不能用Photoshop將它改頭換面一番。你可以看得出來，答案是肯定的，而且，是獲得很大的改善。我先增加色彩的飽和度，讓天空和海的顏色看來更迷人，接著使用仿製印章工具把天空的白雲修飾一番，同時去掉防波堤兩旁的沙子，讓整個畫面顯得更悠閒。這樣的改善相當明顯，新版的底片肯定比原版更受歡迎。

迪納斯頭岩，潘布魯克郡，威爾斯
(View From Dinas Head, Pembrokeshire, Wales)
相機：Walker Titan 4x5吋
鏡頭：90mm
濾鏡：偏光鏡
軟片：Fujichrome Velvia 50

卡尼菲諾胡島，馬爾地夫
(Kanifinolhu Island, Maldives)
相機：Pentax 67
鏡頭：45mm
濾鏡：偏光鏡
軟片：Fujichrome Velvia 50

D Dodging and Burning 加亮和加深

在傳統的沖洗式暗房裡沖印黑白照片時，如果只是「直接」處理，很難洗出完美的照片來。最常見的狀況是，一開始洗出來的照片會出現有些區域太過明亮或太暗。為了矯正這個問題，並希望沖洗出色調均衡的照片，就會使用加亮(dodging)和加深(burning)的技法。

加亮是遮住照片中較暗的區域，如此就會減少曝光，印出來時就會變得亮一點。在遮掩較小區域時，最理想的工具是小卡片，把它剪成圓形或其他形狀，然後黏上一根細鐵絲。也可以用手和大張卡紙，在曝光時遮住較大的區域。

與這個相對的方法就是加深。印出來呈現過亮的區域，必須增加曝光，才能讓它們變暗。想達到這個目的，就要準備一張卡紙，在中央剪出一個洞或其他形狀，可以讓特定區域增加曝光，但同時又遮住其餘區域。

使用Photoshop時，我們只要使用工具箱的加亮和加深工具，就可以完成同樣的選擇性調整。跟大部分數位處理過程一樣，這兩樣工具可以讓我們進行更精準的處理，且不必擔心會浪費昂貴的相紙。

為了展現這些工具的威力，我從我的作品中選了一張照片，並且故意把它的部分區域弄得比原始照片更亮和更暗。

需要什麼

■ 一張需要讓某些區域看起來更亮和更暗的彩色或黑白照片。

怎麼進行

加亮和加深這兩樣工具，都放在Photoshop的工具箱裡。某些版本的Photoshop，可以在工具箱裡同時看到這兩種工具。以我這兒示範使用的Photoshop CS2 版來說，工具箱裡可以看到加亮工具，但看不到加深工具。想要使用加深工具，按住Alt鍵，點選工具箱的加亮工具圖示，加深工具就會出現。

這兩種工具的使用原則都一樣——你可以從筆刷選單裡選擇不同形狀的筆刷，並且選擇適當的筆刷大小來處理大或小區域。你可以變化曝光度，只需拉動出現在螢幕上方的滑桿。預設值是50%，但我把它減少到30%——曝光值愈低，筆刷一次所產生的效果也較小，可以讓你很緩慢和謹慎地加亮或加深。

很明顯的，如果你用加亮工具將某個區域處理得太亮了，隨時都可以用加深工具把它變暗一點。但還是要注意，這兩種工具都具有破壞性，所以絕對不要用它們來處理原始照片——一定要先複製，而且最好是在圖層裡處理。

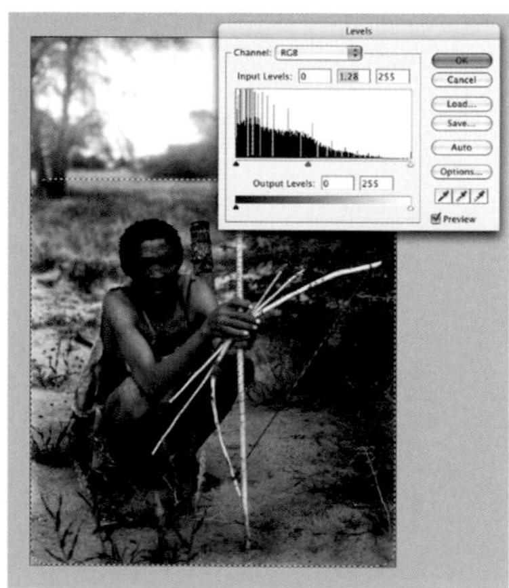

step 1
以這個例子來說，為了要加速處理速度，我先使用矩形選取畫面工具(Marquee tool)把地平線以下區域全部選取，將羽化度設定50畫素，讓接合處看不出接縫，同時使用色階調整功能，讓整個選取區變亮一點。這樣可以節省替某些區域加亮的時間，但這位布西曼人(Bushman)仍然太暗，需要進一步處理。

step2

先從他的臉部開始，我選擇加亮工具，並且選擇邊緣柔和的筆刷，直徑為40畫素。想要加亮這個區域很簡單，就是用筆逐步塗抹── 曝光值設得愈低，需要塗抹的次數就愈多。另一個選擇是選大筆刷，再用滑鼠點按的方式來套用這個工具。但到底要怎麼做，完全要看你想處理區域的形狀和大小而定。

step3

對這位布西曼人的處理產生滿意結果後，我接著開始把風景部分加亮。使用同樣的筆刷，但把直徑加大。耐心最重要，如果太急躁，處理的結果不會讓你滿意。既然這種數位處理方式本來就可以很精確，所以你最好善用這項優點。

step4

加亮完成後，接著要讓天空變暗(加深)。這可以使用漸層工具(Gradient tool)來完成，它的功能有點兒像漸層減光鏡，但我也喜歡使用加深工具。我選用加深工具和合適的筆刷，開始塗抹天空，讓它變暗。當初拍攝時的天空非常亮，所以我並不期望能夠讓天空的所有細節都呈現出來。要很小心地處理──如果加深過度，所產生的效果看起來會很不自然。

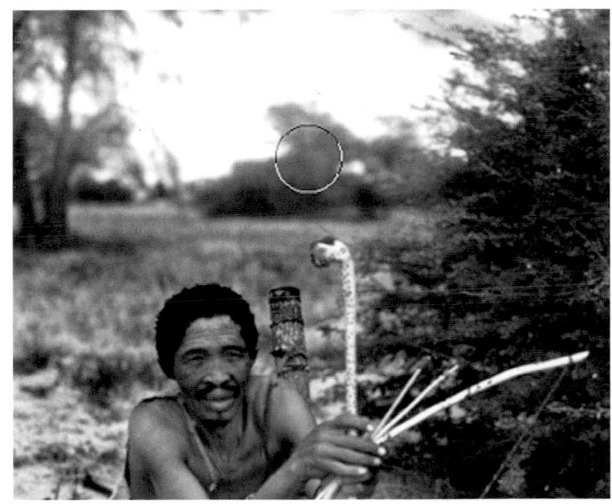

step5

我使用天空的大筆刷，很快速地處理完大部分地面。看到每一筆產生的效果，以及整個影像開始逐漸成形，真的讓人感覺很興奮。用數位手法進行加亮和加深，最讓人高興的莫過於能立即看到結果；如果是在傳統沖印暗房裡，一定要等到把底片沖洗出來和定影之後，才能檢查是否已經獲得你想要的結果，但到這時候如果發現錯誤，並且想要補救，則已經來不及了。以這個例子來說，我加進了「雙色調」(duotone)，以加強這張照片的氣氛。

布西曼人，卡拉哈里沙漠，納米比亞
拿最後處理的成果和原始照片相比，就可以看得出來，加亮和加深工具的效果確實很明顯。但我也必須承認，我是故意把原始形象弄得比實際情況更糟一點，如此你更可以看出改善的程度有多大。但根據我多年來在暗房裡使用加亮與加深技術的經驗，我必須很坦白地說，用數位方法進行這兩樣工作，的確容易得多，也更不會出錯。但你最好一定要「真正」經歷過一次加亮和加深處理過程，如此你才會了解為什麼需要用到這兩項技術，以及它們的效果如何。
相機：Nikon F5
鏡頭：50mm
軟片：Ilford HP5 Plus

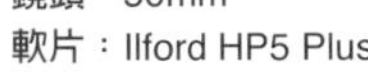

畫上亮光

使用加亮工具，有一個比較不那麼傳統、卻很有效的方式，那就是把它當作手電筒，並且用它在主體或景物上畫上亮光。我以前使用過這個技術幾次，運用在各種題材上，從一束鮮花到教堂的外觀，什麼都有。這個方法吸引人之處，就在於將這個「手電筒」照在一些區域上，且時間長短各自不同，因而會產生斑紋狀的亮光效果，有的區域較亮，有的區域較暗。不會出現僵硬的邊緣，亮部和陰影只會柔和地融合在一起，而創作出超現實影像。

想要成功達成這種效果，關鍵就在於選擇正確的影像。畫上亮光，只能在黑暗或半黑暗狀況下進行，周遭的光線也要很暗，所以，最好選擇一張光線晦暗或是夜間拍攝的照片，用它來進行數位畫上亮光。這張在昏暗光線下拍攝的風車照片最為理想。

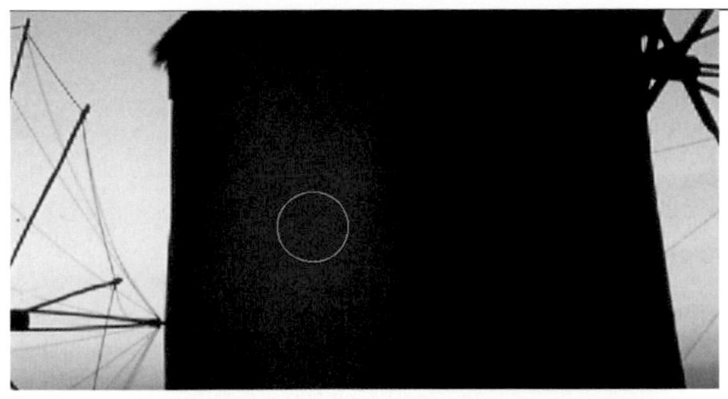

step1

想要獲得理想的最後成果很簡單，多試幾次，不怕犯錯。我選擇加亮工具(Dodge tool)，使用柔軟筆刷，設定合適的筆刷大小。在將曝光度設為10%後，開始在風車上面畫上亮光，先從最靠近相機的區域開始。要注意的是，一次不要畫太多筆，然後就要放開滑鼠，否則，一旦出了錯，想要復原步驟，那可就有得忙了。

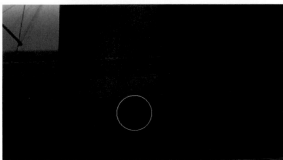

step2

畫完風車後，我轉移到下方牆壁和大門。畫上亮光後，會產生斑紋狀效果，所以沒有必要畫得很完美。事實上，如果畫出來的效果太均勻，看起來反而不對勁。多畫幾次，讓你得以預先觀察可能產生的效果，然後逐步完成。但不要畫太多，否則會使得部分變得慘白，結果無法讓細節恢復。

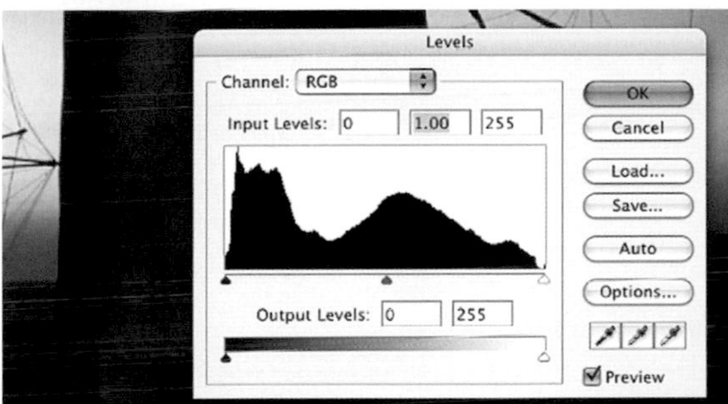

step3

在用亮光畫完我想要的效果之後，最後一步就是調整色階，讓陰暗的天空和風車之間出現我希望的平衡。大門部分太亮了，所以我用矩形選取畫面工具選取大門四周，調暗它的色階。

米克諾斯鎮，米克諾斯島，希臘島嶼

我是在無意中發現這項技法，當時，我正在處理一張故意拍得很暗的影像，想要用加亮工具把其中的一個選取區調亮。沒想到卻產生如此有趣的效果，但這就是攝影實驗的樂趣。你可以看得出來，這張照片的效果有多好。這樣的效果本來只有真的拿著手電筒去照射才能製造出來，但使用數位方法來製作，效果其實也不差。

相機：Nikon F90x
鏡頭：28mm
軟片：Fujichrome Velvia 50

D Double Exposures 重複曝光

在底片創造重複曝光，一直是很難的技術。使用相機拍攝時，如果想要讓同一張底片曝光兩次，你不是得去找個具有多重曝光功能的相機，就是必須把底片捲回去，重新裝進相機，然後往前捲動到第一次曝光的那一格底片。這樣做很容易出錯，但自從數位時代來臨後，所有這一切都改變了——即使是剛剛使用Photoshop的新手，現在也可以很輕鬆學會這項技術。

需要什麼

- 下面的例子，讓你可以了解到需要用到什麼樣的照片，但如果想要創作出更有趣的效果，你必須去拍攝一些特別的作品。

怎麼進行

方法1 把月亮加進夜空

step1

打開月亮照片，在螢幕上把它放大，使用套索工具(Lasso tool)將它選取下來。但只選取月亮外圍內部一點的範圍，把羽化程度設為10畫素，使它的邊緣很柔和，如此才能很輕易地融進天空。選取完成後，前往編輯＞拷貝(Edit＞Copy)，進行拷貝。

step2

打開夜景照片，使用套索工具，在想要加進月亮的天空位置選取一個圓形，這個選取範圍應該比你想要放進月亮的範圍大一點。再一次將羽化程度定為10畫素。前往色階調整功能，移動中色調滑桿，讓選取的天空區域稍微亮一點——這樣可以模仿出月亮照亮四周天空的效果。

step3

在夜景照片仍然開啓的情況下，前往編輯＞貼上(Edit＞Paste)，先前選取的月亮就會出現，使用移動工具將它移到想要的位置上。如果想改變月亮的大小，前往編輯＞變形＞縮放(Edit＞Transform＞Scale)。

step4

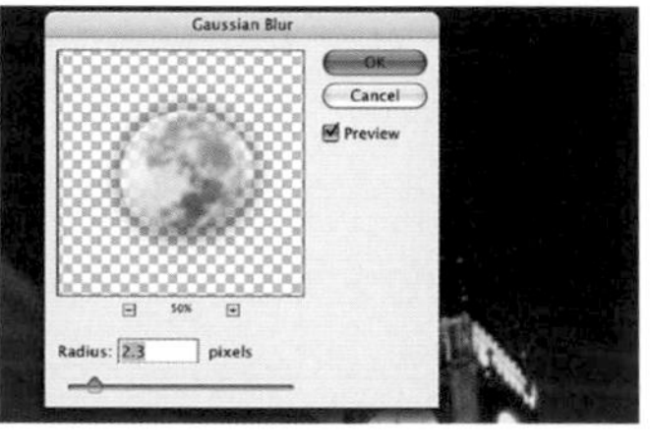

如果覺得月亮顯得太過銳利，可以替它加進一些顆粒，使用濾鏡＞雜訊＞增加雜訊(Filter＞Noise＞Add Noise)，同時也使用一點高斯模糊(Gaussian Blur)，這會使得月亮看來更真實。

大笨鐘，倫敦，英國

這是最後呈現的成果。月亮四周的光亮區域效果很好，不僅創造出更真實的效果，同時也增加了一種怪異光輝。

相機：Nikon F5 / **鏡頭**：20mm / **軟片**：Fujichrom Velvia 50

方法2 拍攝兩次

step 1

選好一個合適拍攝的場景，可以讓你很輕鬆地將兩張照片的各一半接在一起，而變成一張照片。架好三腳架，裝上相機，要你的模特兒站好位置，拍下第一張照片。

step 2

不要移動相機，指揮模特兒前往第二個位置，然後再拍一次。

step 3

將這兩張照片傳輸到電腦裡。打開第一張，拷貝一張，然後把不包括模特兒的那一半畫面裁剪下來，如圖中所示。

step 4

前往影像 > 版面尺寸 (Image > Canvas Size)，把版面擴大，寬度至少比原來大一倍，但高度不變，跟裁剪後的影象一樣。

step 5

打開第二張影像，使用矩形選取畫面工具，選取包括模特兒的那一半畫面。應該從第一張結束的那個位置開始選取，這樣就可以很輕鬆地兩張照片合成一張。

step 6

回到擴大後的版面，在上面點一下，然後前往編輯 > 貼上 (Edit > Paste)，拷貝的那一個選取區就會出現。使用移動工具把它移到理想位置，就能創造出一張看不出接縫的合成照。

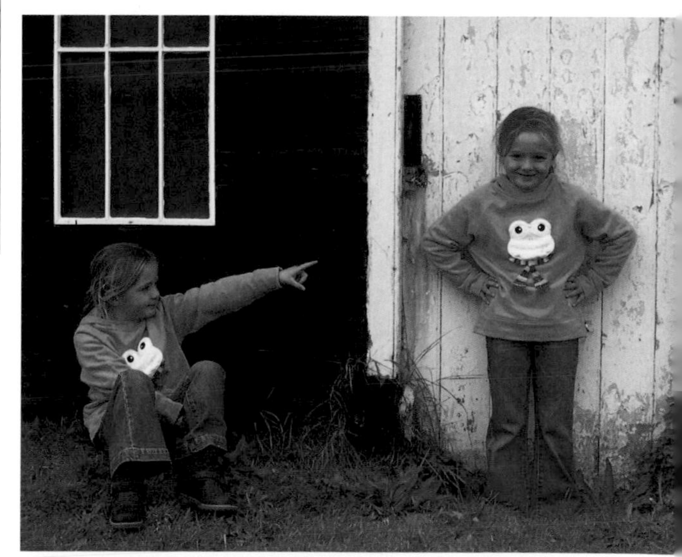

小女孩合成照

你看得出接縫嗎？我也看不出來。想要在相機裡完成這樣的效果相當困難，但在Photoshop裡，這只要花個5分鐘，就可搞定一切。

相機：Nikon Coolpix 4300 消費型數位相機，機身附變焦鏡頭

D Duotone 雙色調

雙色調輸出，表示印出來的影像有兩種顏色，而非僅有一種。也就是說，製造出來的影像不是純粹黑與白，而是可以再加進一種微細的色調。Photoshop的雙色調模式，可以讓你用數位方法，對黑白照片創造出相同的效果。

你可以使用這個方法模仿出任何標準色調的效果。還有，如果替你的影像加進一種細緻的雙色調感，那麼，你一定會很喜歡你的噴墨印表機所印出來的照片。因為想要印出純黑白照片是很困難的，除非使用特別的墨水組。

需要什麼

■ 選幾張彩色或黑白照片。在加進雙色調效果之前，一定要把影像轉變成灰階，讓它只含有單一色版。

怎麼進行

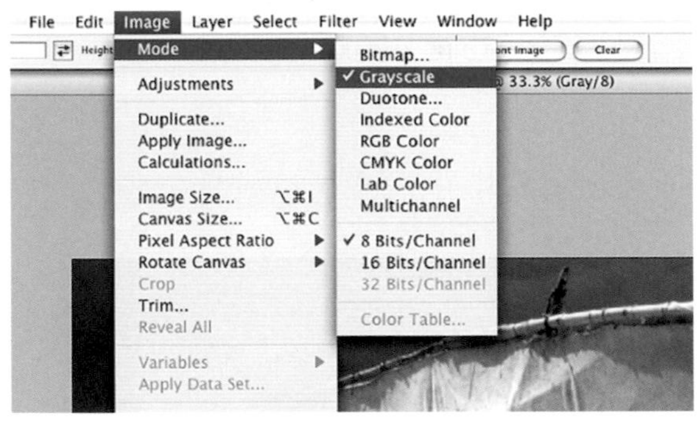

step1

打開影像，拷貝，使用影像＞模式＞灰階(Image＞Mode＞Grayscale)，把它轉變成灰階模式。當對話框彈出時，按下確定，丟棄所有顏色資訊——這會把影像減少成單一色版。(如果是在RGB模式，影像會使用三個色版，如此就無法達成雙色調。)

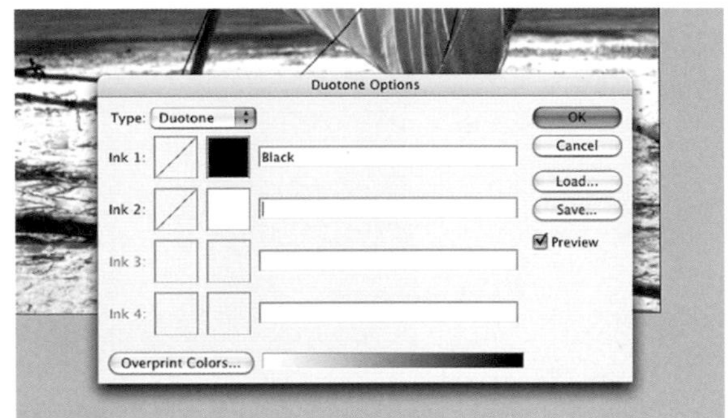

step2

現在，回到影像＞模式(Image＞Mode)，選雙色調(Duotone)。這時會出現一個對話框，有四個小視窗。如果這是你第一次使用雙色調設定，只有第一個視窗會有顏色，預設的顏色是黑色。想要創造出雙色調效果，點一下顏色框，選第二種顏色，這時會出現一個檢色器。點一下檢色器裡的顏色館(Color Libraries)，就會出現色表(Pantone)對話框。

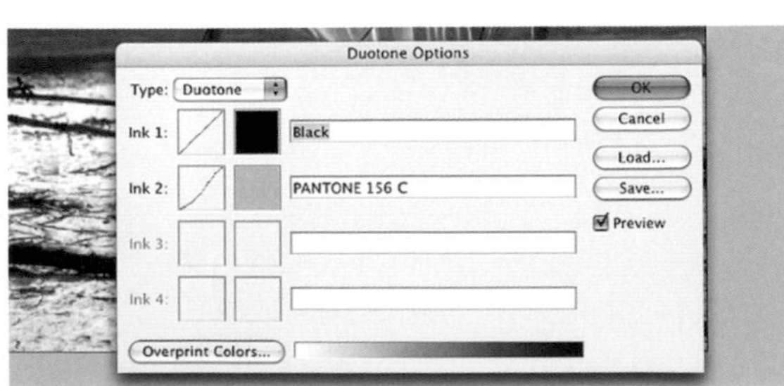

step3

捲動色表清單——顏色有數百種之多——選擇喜歡的一種。以這個例子來說，我選的是156C，這會使得影像呈現一種深褐色。你可以從預視畫面裡，看出你所選擇的顏色會產生什麼樣的效果。如果你不喜歡出現的效果，再選另一種顏色。

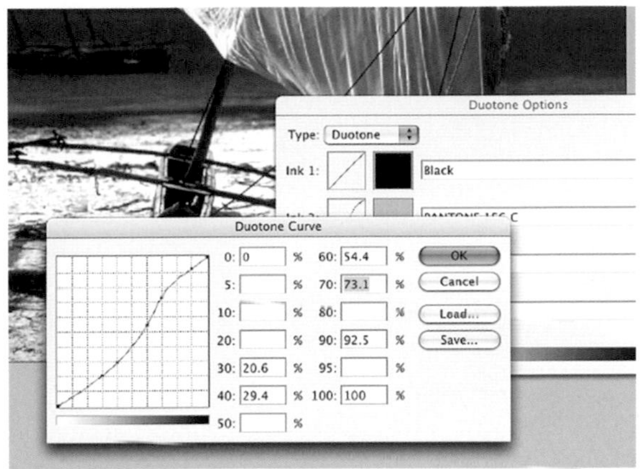

step4

一旦選好顏色，你也許想要稍微調整一下。這時，可以點一下雙色調視窗裡色框前面的小方塊，就會出現影像的曲線圖。變化曲線，或是在曲線右邊的方塊裡直接填入數字，就可以調整影像不同區域的顏色的色階。填入0，表示不增加顏色；若填入100，則表示會加進這個顏色100%的墨水。這可以讓你減少亮部的顏色，但同時增加陰影的顏色，因而產生分割色調(split-tone)效果。

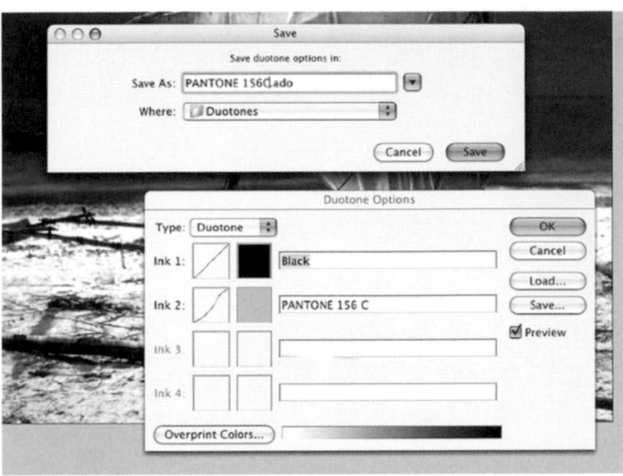

step5

當你對雙色調的顏色感到滿意了，就可以把它完整儲存起來，以後可以應用在其他影像上。要達到這個目的，點一下雙色調對話框的儲存鍵，替這個設定選一個名稱，把它儲存在雙色調資料夾裡。將來想要把它重新應用在另一張影像時，打開選定的影像，轉成灰階，前往影像＞模式＞雙色調(Image＞Mode＞Duotone)，點選載入(Load)，點一下清單中的雙色調設定檔的名稱，再點一下載入，先前儲存的雙色調設定就會套用在這個新影像上。

浮桿獨木舟，努格維，尚吉巴 (Outrigger, Nungwi, Zanzibar)

這是從第1步到第5步處理後呈現的最後成果。這張影像一開始是全彩的，先在色版混合器(Channel Mixer)裡把它轉成黑白，最後再轉成高品質的雙色調。為了增強最後影像的氣氛，我還使用高斯模糊加進柔焦效果(請參閱第136-139頁)。

相機：Nikon F5
鏡頭：50mm
相機：Fujichrome Velvia 50

里奧托橋，威尼斯，義大利

我一直很喜歡這張威尼斯照片──柔和的光線和平淡的色彩，充分顯示出這個城市在冬天時的特性。但是，我認為，如果把它轉變成某種顏色的單色調影像，效果甚至會更好，所以，我先把它轉成灰階，然後轉成雙色調設定(如下面的圖示)，再加進柔和的藍色色調。最後，我把黑色版面擴大，然後用筆刷工具塗掉影像周邊，製作出一個不規則的黑色邊框(請參閱第14-15頁)。

相機：Nikon F90x / **鏡頭**：80-200mm變焦鏡

濾鏡：柔焦鏡 / **軟片**：Fujichrome RHP400

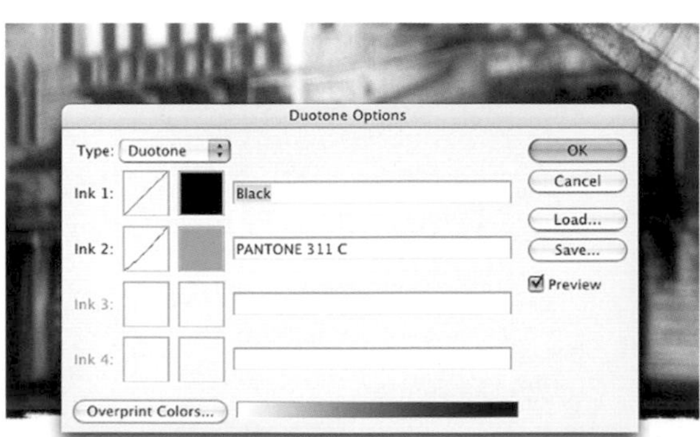

三色調和四色調

在你熟悉了雙色調的運用手法後，何不嘗試運用三或四種不同的色調？這些作法和雙色調相同，你在選好第二種墨水顏色後，可以接著選第三種，如果願意的話，還可以再選第四種。使用三色調和四色調，可以讓你對最後的影像顏色作更多細緻的變化。把色表裡幾種不同的顏色綜合起來，並且調整每一種顏色的曲線，將不同的顏色放在畫面不同的區域，即可產生數不盡的顏色效果，這就好像是在傳統暗房裡分離色調。關鍵就在於要多方嘗試。例如，如果你有過在傳統暗房沖印的經驗，那你可能會特別喜歡某一種相紙，所以就可以想法子重新創造出你最喜歡的這種相紙的微妙效果。在這兒，我用四色調的設定創造出我喜歡的效果，然後用它來處理我在古巴拍攝的好幾張全景照片，讓它們呈現出一致的色調和感覺。這些照片都是用彩色軟片拍攝。

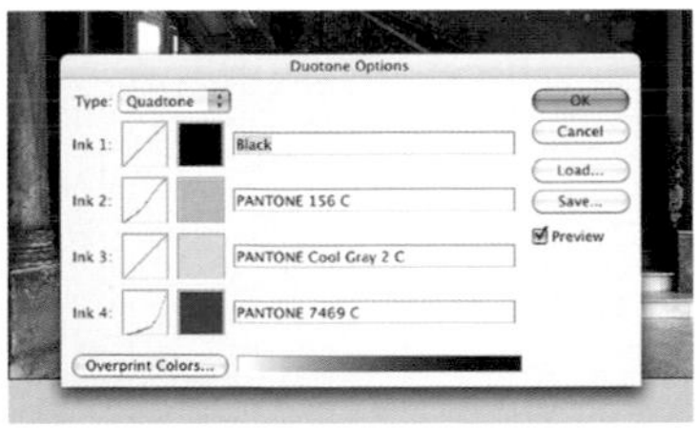

哈瓦那和千里達，古巴

這些全景影像，最初都是拍攝成彩色幻燈片，但我覺得，如果把它們轉成黑白，效果也同樣好。於是，我選了幾張，把它們掃描進我的電腦裡。在把第一張室內照片轉成四色調的單色照片後，我決定將相同的設定（如上圖所示）套用在其餘影像上，讓它們呈現出同調的感覺，畫面形狀也一樣。

相機：Hasselblad XPan

鏡頭：30mm、45mm和90mm

軟片：Fujichrome Velvia 50

E Emulsion Lifting 乳膠轉移

拍立得(Polaroid)立即顯像軟片，最初雖然是為了方便而發明的，但經過這麼多年以來，它們已經發展成為多種迷人藝術創作技法的基礎。

在這些創作技法當中，有一項是把拍立得相片浸在水中，讓覆蓋在影像上的感光乳膠從相紙上脫落。這時，把這些脫落的乳膠收集起來，然後轉移到另一項基本材料上，通常是白紙，並在那兒再度把這些乳膠攤開。但是，由於這些乳膠十分單薄和細緻，所以最後會出現皺紋，影像也會扭曲，但這卻是它真正迷人之處。

應用這項技法其實很簡單，只要你擁有拍立得立即顯像相機，或是供大型或中型相機使用的拍立得機背。但我還是比較喜歡數位處理方式，因為這可以讓你處理已經存在的影像，並且讓你可以進行更多變化，一直到創作出滿意的結果為止。

如果你親眼見過真正的乳膠移轉過程，對學習這項技術將大有幫助。所以，你最好上網搜索，看看能不能找到一些實際的創作例子。

需要什麼

■ 幾張彩色照片。選一些構圖簡單、像圖畫似的照片，它的影像在被扭曲後，仍會顯得很有趣味。真正的拍立得照片的形狀幾近正方形，所以，我比較喜歡先把照片裁剪成正方形，然後再拿來處理。當然，這並非絕對，看你是否喜歡而定。

怎麼進行

創造拍立得乳膠轉移效果的步驟相當多，所以，一定要有耐心，慢慢來，必要的話，進行到某些關鍵步驟時，最好把當時的影像儲存下來。如果犯了無法修正的錯誤，或者，如果在進入某個步驟後，突然對已經完成的效果不滿意，你就可以停下來，很輕鬆地回到先前的某個步驟。

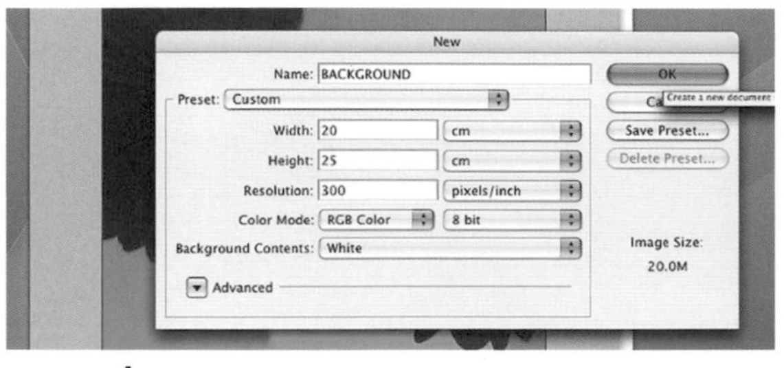

step 1

開啓照片，然後前往檔案＞開新檔案(File＞New)，製造出一個新版面，要比這張照片的高和寬多出20%。在彈出的對話框裡填入版面的大小，一定要確定，版面的解析度跟主照片一樣(以我這個例子來說是300ppi)，並把背景內容(Background Contents)設為白色，然後按確定。

step 2

點選移動工具，然後把主照片拉到新版面上，把它擺在正中央，存檔。

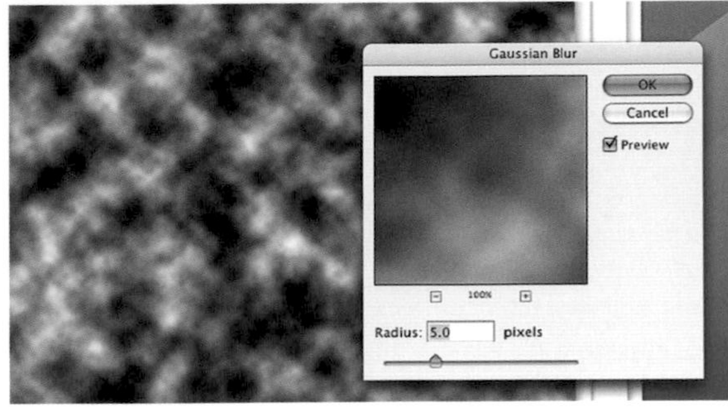

step3

製造一張移置圖像(Displacement Map)，等一下可以用來扭曲影像。想要這樣做，點你正在處理中的照片，然後前往檔案＞開新檔案。這裡的設定應該和前面的版面一樣，因此，按下確定。接著，前往濾鏡＞演算上色＞雲狀效果(Filter＞Render＞Clouds)。這兒所創造出來的影像，顏色可能相當淡，如果是這樣，同時按住Alt/Option鍵，再套用一次這個效果。

必要時可以重複套用幾次。如此一來，這個影像才會變得很暗，就如這張圖。現在，前往濾鏡＞模糊＞高斯模糊(Filter＞Blur＞Gaussian Blur)，把強度設為5.0畫素。把這張影像存為Photoshop (PSD)檔，放在桌面，然後把它關掉。

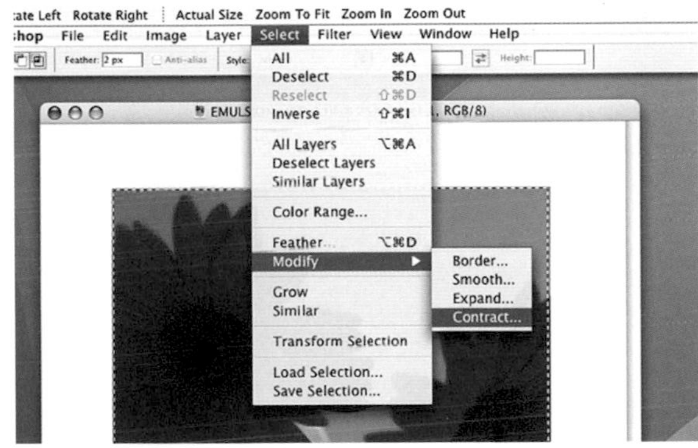

step4

點一下你想扭曲的照片，然後使用矩形選取畫面工具選取照片本身。選取完成後，前往選取＞修改＞縮減(Select＞Modify＞Contract)，填入2畫素。

step5

現在前往選取＞反轉(Select＞Inverse)，然後編輯＞拷貝(Edit＞Copy)，接著是編輯＞貼上(Edit＞Paste)。這些動作的結果，將會讓你的照片外面邊緣出現一個細框，把它存成新圖層。這個圖層將會在後面被拷貝好幾次，並用來在轉移後的乳膠邊緣創造出折疊的效果。把這個圖層的混合模式設為色彩增值(Multiply)。

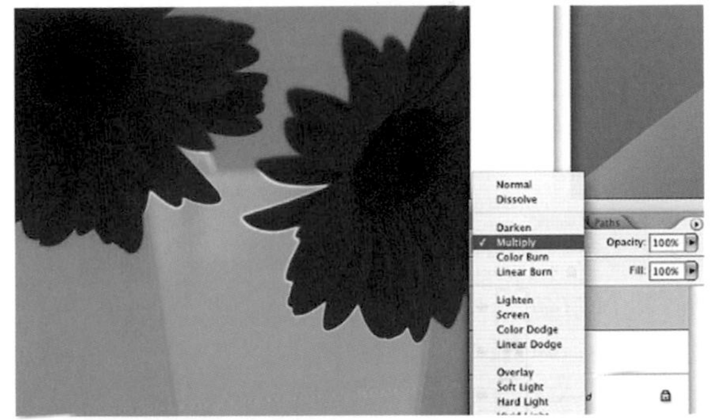

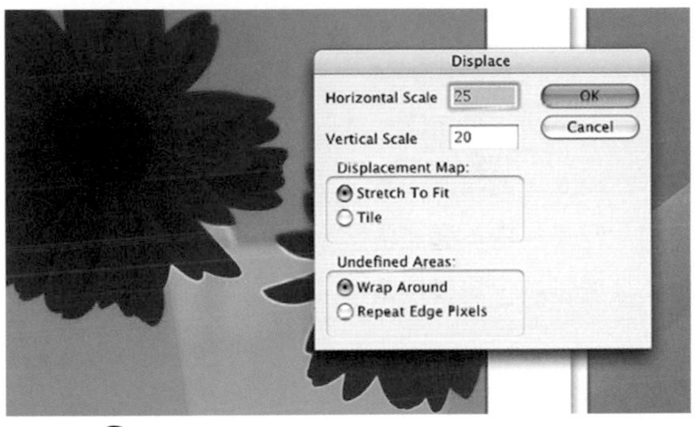

step6

想要開始進行扭曲的步驟，點一下主照片圖層，然後前往濾鏡＞扭曲＞移置(Filter＞Distort＞Displace)。在這兒填入的參數，將會決定移置程度。我先填入3和3，但發現效果太不明顯，於是把它分別增加到25和20，如圖所示。在對話框裡，你還要選擇「延伸以符合」(Stretch To Fit and Wrap Around)。

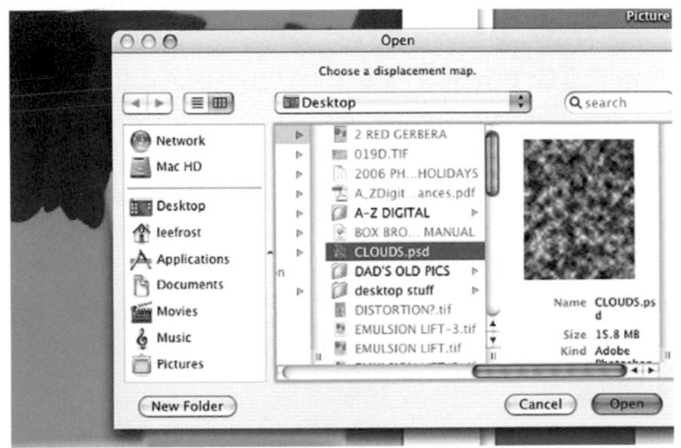

step7

按下確定後，將會出現一個視窗，要你選擇一張影像作為你的移置圖像。點一下先前製作好的雲朵影像，然後點開啟。這將會套用到扭曲的影像上，這時，你應該看到這張影像已經出現明顯變化。

step 8

再套用移置功能。如果前往螢幕上方的濾鏡下拉選單，裡面的第一個選項，應該就是移置，因為這就是你上次使用的濾鏡，所以前往濾鏡＞移置(Filter＞Displacement)，它的效果會再重複一遍。把這個步驟重複幾次，直到對呈現出來的影像結果感到滿意為止，要記得，後來還會再加進更多的扭曲。我一共重複套用這個濾鏡四次，才得到這樣的結果。

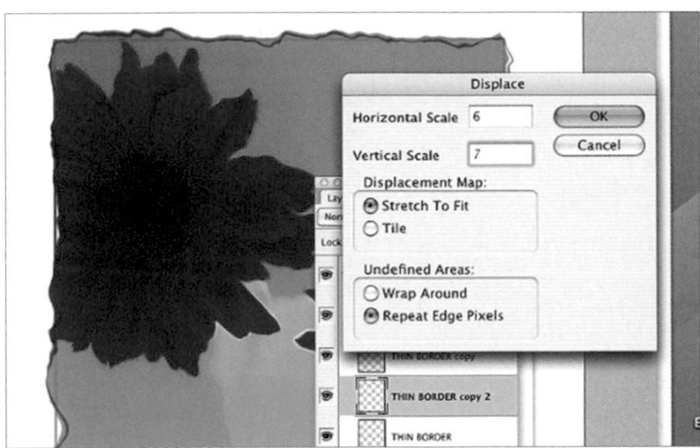

step 9

點擊圖層面版的細邊框圖層，並前往圖層＞複製圖層(Layer＞Duplicate Layer)。將這一步驟重複四或五次，製造出數個拷貝圖層。接著，前往濾鏡＞移置，把第一個拷貝圖層扭曲幾次。其他複製圖層也同樣處理，每一次都要套用不同的移置程度(請參閱第6步)，在影像周邊製造出多個折疊效果。

step 10

點擊白色背景圖層旁邊的眼睛圖示，把它關掉，接著前往圖層＞合併可見圖層(Layer＞Merge Visible)，如此一來，主影像圖層和細邊框圖層將會合併。

step 11

現在需要替影像加進一些紋理。你可能早已經在你的影像資料夾裡存好很多這種圖檔，可以拿來這兒使用，但我沒有，所以我只好自己製作一個：我拿了一張隔油紙，把它揉皺，然後再攤平，讓它呈現出許多摺痕。我用一架消費型數位相機把它拍攝下來，再把圖檔傳輸進入電腦。但這張影像看來有點兒平板，於是，我前往影像＞調整＞亮度/對比(Image＞Adjustments＞Brightness/Contrast)，增加對比。

step 12

把主照片和紋理影像都開啓在桌面上，使用移動工具把紋理影像拉進主影像中。如果你需要調整它的大小，前往編輯＞變形＞縮放(Edit＞Transform＞Scale)。

step 13

把紋理影像的混合模式設為色彩增值，然後移動圖層面版裡的不透明度滑桿，直到你對呈現出來的結果感到滿意為止——拉到40%至50%之間，應該就夠了。

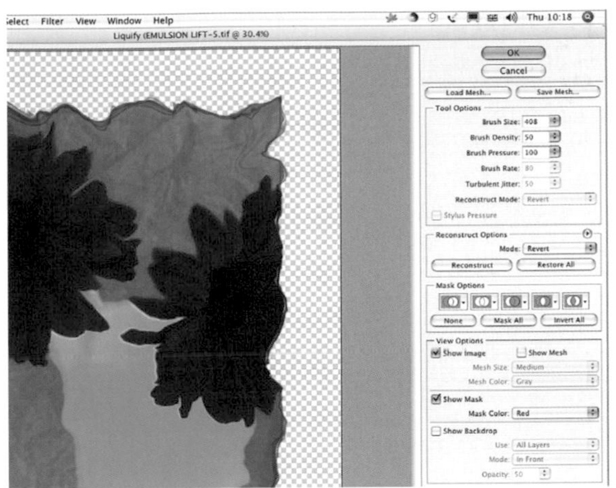

step 14

前往濾鏡＞液化(Filter＞Liquify)。在對話框裡選大一點的筆刷——我選擇比400畫素稍微多一點——接著，用它來推擠、延伸和扭曲影像的幾個部位，讓影像看來更像是一面很細緻的乳膠被攤開在一張紙上，並被移動著。

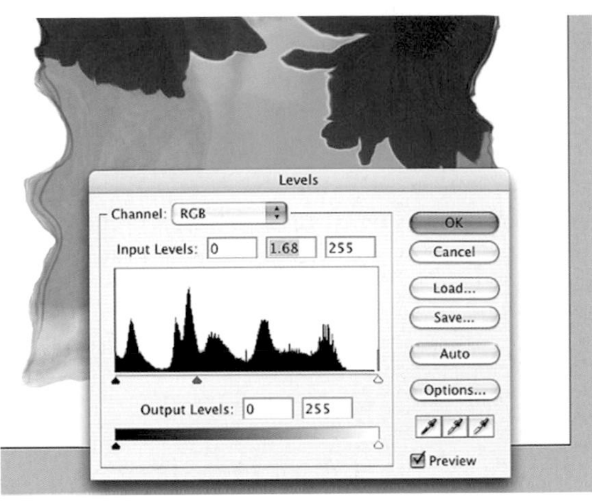

step 15

當你對扭曲後的整個影像的模樣感到滿意了，必要時還可以調整一下色階(被轉移過來的乳膠，並不像原來的那般濃稠)。最後，使用圖層＞合併圖層(Layer＞Merge Layers)，把所有圖層合併，再把你的這張創意作品存檔。

兩朵紅花

這是我第一次嘗試使用乳膠轉移技術，對於最後的結果也深感滿意。整個過程中，我曾經幾次中途放棄，並且重頭再來，慢慢磨練這項技法，但花掉這麼多時間和精力是值得的。希望我從自己的失敗中學到的經驗，能夠有助於防止各位也犯下相同錯誤。但其實並沒有什麼對或錯，這些都只是實驗而已——而且樂趣無窮。

相機：Nikon F90x / **鏡頭**：105mm微距鏡頭

軟片：Fujichrome Sensia II100

F Faking Infrared 模仿紅外線

紅外線是很令人感到興奮且用途廣泛的攝影題材，但很多攝影人都不敢使用。這是因為除了價錢昂貴和有時很難買到之外，如果想用它拍出成功的作品，不管是在拍攝階段，或是在沖印階段(特別是單色紅外線軟片)，在使用上都要非常小心。

隨著數位相機的日漸普及，和軟片銷售量下跌，很多專業軟片也因為需求下跌，而不再有人使用。不幸的是，紅外線軟片也被打入這一類產品。2005年7月，Konica宣布，該公司十分受好評的750紅外線軟片，不再推出供120相機使用的產品；Ilford公司也停止生產120相機使用的SFX紅外線軟片。這兩家公司倒是還生產35mm相機使用的紅外線軟片，傳奇性的柯達高速(Kodak High Speed)單色紅外線軟片亦是如此，但這種情況能夠再維持多久，沒有人知道。

幸運的是，你不再需要把紅外線軟片裝進相機裡，才能拍出讓人驚豔的紅外線影像。如今，在Photoshop裡，只要使用傳統相片來處理，就能夠很快速和很輕鬆地模仿出這樣的紅外線效果。

需要什麼

■ 一張彩色照片，在明亮、大晴天拍攝的最理想。蔚藍天空、白雲、和樹枝，都有助於呈現紅外線效果。你所要處理的這張影像，可以是用軟片拍攝的，也可以是掃描的，或是用數位相機拍攝。

怎麼進行

方法1 單色紅外線

這可能是最快、最容易的方法，所以，如果你覺得自己很懶，或是想在短時間內創作出滿意的紅外線效果，不妨試試這個方法。

step1

在Photoshop裡開啓這張影像，選擇視窗>色版(Window>Channels)，點選綠色色版。

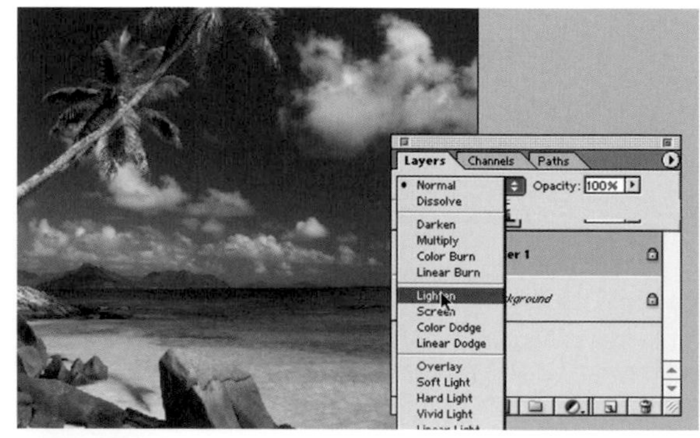

step2

打開圖層面版，點選有你的影像的圖層，只複製綠色色版，使用圖層>新增>拷貝的圖層(Layer>New>Layer Via Copy)。把圖層的混合模式改為變亮(Lighten)。

step3

前往圖層選單中的新增調整圖層，選擇色版混合器(Channel Mixer)，製造出一個新的色版混合器圖層。在色版混合器的對話框裡，點選單色(Monochrome)。

step4

調整綠色和藍色滑桿。負的藍色值將會使天空變暗，綠的正值則會使枝葉變亮。試著移動滑桿到不同的位置，直到對所呈現的效果感到滿意為止。

拉迪奎，塞昔耳群島 (La Digue, Seychelles)
呈現在這張最後影像中的黑暗天空、白色雲朵和鬼魅般的樹枝，這些正是單色紅外線軟片所能產生的效果。設法維持很細的顆粒，這樣正好可以模仿出著名的Konica 750紅外線軟片效果——這種軟片最適合用來拍風景。
相機：Pentax 67 / **鏡頭**：55mm
濾鏡：偏光鏡 / **軟片**：Fujichrome Velvia 50

方法2 單色紅外線

step1

在Photoshop裡開啓影像，選影像＞調整＞取代顏色(Image＞Adjustments＞Replace Color)。使用＋滴管工具(+Eyedropper)，選一個藍色天空區域，然後把朦朧(Fuzziness)滑桿拉向右邊，這樣只有天空被選取。在這個例子裡，我使用的朦朧值是178。

step2

把亮部滑桿拉向左邊盡頭，顯示的數值是－100。這會使天空變暗，並且除去它的大部分顏色。這時候已經可以看到紅外線效果開始出現。

step3

選影像＞調整＞色相/飽和度(Image＞Adjustments＞Hue/Saturation)，選擇黃色，把亮部滑桿調整到+100。綠色也同樣調整。這會使得黃色和綠色同時變亮。

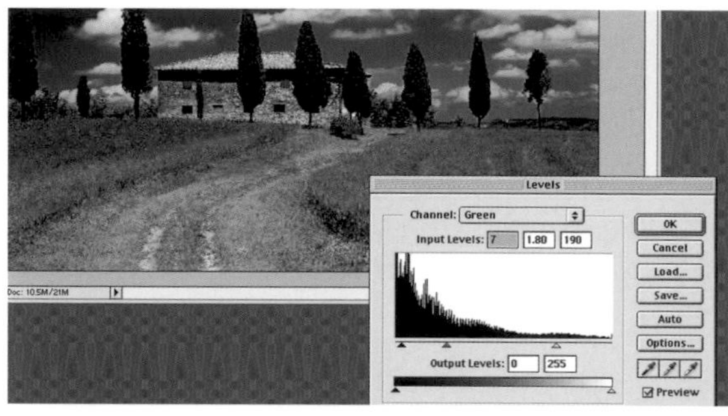

step4

除去影像的飽和度，這樣會除掉所有顏色，然後前往影像＞調整＞色階(Image＞Adjustments＞Levels)，選綠色色版。接著，把亮部滑桿移到接近190的位置，中間調滑桿移到1.8附近，陰影滑桿則移到7左右。

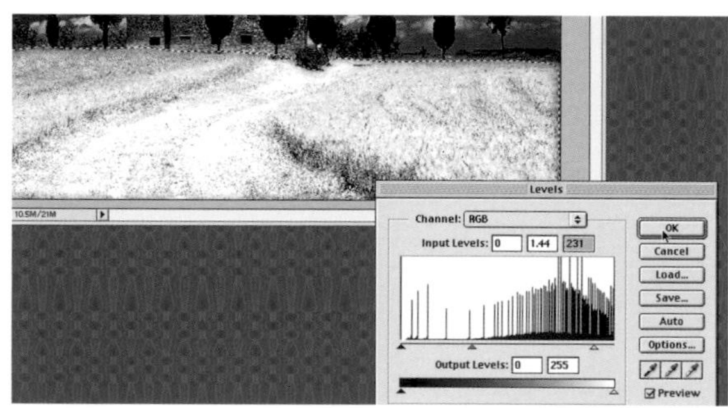

step5

紅外線軟片的特性就是，枝葉、綠草和尚未成熟的穀物都會變得很亮。為了要記錄這項效果，選取需要的區域，在色階功能中把它們調亮。我使用多邊形套索工具(Polygonal Lasso tool)選取田地，把羽化程度設為20畫素。

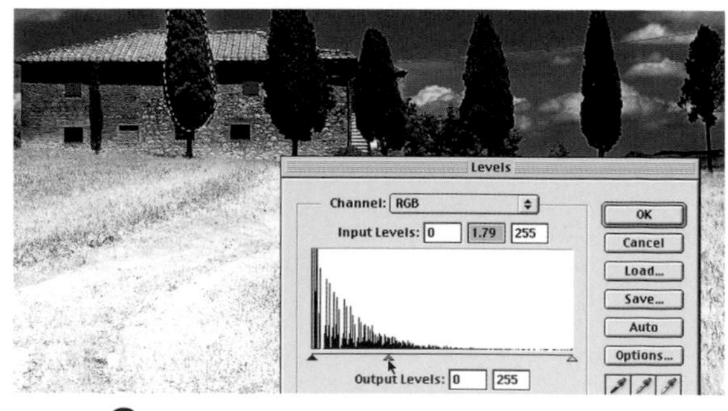

step6

下一步就是依序選取每一棵扁柏，使用色階功能，把它們一一調亮。接著再選取特定區域，把色調調整得很均衡。

step 7

這個例子的最後一步，就是稍微裁剪構圖，加進粗粒子，以模仿出柯達高速軟片的單色紅外線效果──這是我最喜歡的紅外線軟片。你可以加進粗粒子，選擇濾鏡＞雜訊＞增加雜訊(Filter＞Noise＞Add Noise)，並在對話框裡移動滑桿，增加雜訊總量，直到對呈現出來的效果感到滿意為止。

皮耶薩附近，托斯卡尼，義大利(Near Pienza, Tuscany, Italy)
這就是最後呈現出來的創作成果，百分之百會讓人相信這是用紅外線軟片拍攝出來的，無庸置疑。
相機：Pentax 67 / **鏡頭**：105mm
濾鏡：偏光鏡 / **軟片**：Fujichrome Velvia 50

方法3 彩色紅外線

單色紅外線可能比較容易模仿，因為這種軟片的效果很明顯，而且是把它處理成黑白照片，所以並不要求一定要很精準。相反的，彩色紅外線軟片能夠產生真正讓人眼睛為之一亮的結果，色彩也相當奇特，例如枝葉會變成深紅色。所以，如果想作實驗，很值得你花點時間和精力，嘗試用數位手法模仿彩色紅外線的效果。

step 1

先準備一張在大太陽下拍攝的彩色照片，有蔚藍天空的最理想，像這張照片就是最好的例子。

step 2

接著，使用套索工具選取影象中的不同區域，然後前往這些區域調整色彩和飽和度，選影像 > 調整 > 色相 / 飽和度(Image > Adjustments > Hue/Saturation)。

step 3

依次選取每個區域。我在這兒套用的深紅 / 藍色組合，正是加了深黃濾鏡後，再讓紅外線軟片曝光所產生的典型顏色。我把每一區域的羽化程度都設為5畫素，這樣它們的邊緣才會很平順。

step 4

現在，輪到天空了。在紅外線軟片裡，白雲看起來仍然很白，而藍天則會更藍。為了模仿出這樣的效果，我使用影像 > 調整 > 選取顏色(Image > Adjustments > Selective Color)，選擇藍色，並且移動滑桿。接著選白色，調整黑色滑桿，使白雲看起來更細緻、更有生氣。

侍者鼻，達特摩，得文，英國 (Bowerman's Nose, Dartmoor, Devon, England)
最後步驟是要選取石頭人像和它腳下的岩石，並且稍微加深它們的顏色。石頭不會反射紅外線的照射，因此，以紅外線軟片拍攝時，石頭的顏色並不會有太大改變。為了忠實表現出這種效果，我使用套索工具選取特定區域，然後前往影像>調整>選取顏色。我選擇綠色，並且移動滑桿，直到呈現出來的效果令我滿意為止。
相機：Pentax 67 / **鏡頭**：55mm / **濾鏡**：偏光鏡 / **軟片**：Fujichrome Velvia 50

這些主影像的幾種變化，是透過影像>調整>色相 / 飽和度調整顏色所創造出來的。

F Filters for Black and White 黑白濾鏡

黑白攝影最重要的是，不同的顏色在記錄成灰階時，它們彼此之間將會如何互動。最常見的例子就是紅色和綠色，在彩色照片上，這兩種顏色會把對方襯托得很突出，但在拍攝或轉變成黑白照片時，它們的灰色調卻很相似，根本無法明顯分辨出來。

拍攝黑白照片時，為了避免發生這個問題，攝影師都會在他們的鏡頭前加上彩色濾鏡，以改變某些顏色記錄成灰階的方式。如果你用數位相機拍攝，一切都是用彩色記錄，那麼，以後可以把它轉變成黑白。但是這樣做，同樣的問題將會出現，所以，你需要學會用數位方法來模仿彩色濾鏡的效果。

想要做到這一點，最容易的方法就是使用色版混合器。利用原始照片製作出一個色版混合器調整圖層，讓你可以分別處理紅、綠和藍色色版，以改變它們的色調平衡。

需要什麼

- 選一張含有多種顏色的照片。如果你嘗試這項技術的目的，只是想要看看它是如何發揮效果的，那麼就選一張含有很明顯紅、綠和藍色的照片。

怎麼進行

春花，皮耶薩附近，托斯卡尼，義大利
(Spring Flowers, Near Pienza, Tuscany, Italy)
這張是原始的彩色照片──請注意，畫面中有各種不同的顏色，以及它們被轉成灰階後彼此的互動關係。
相機：Pentax 67 / **鏡頭**：45mm / **濾鏡**：偏光鏡
軟片：Fujichrome Velvia 50

光是除去彩色照片的飽和度，就可以看出，在沒有使用任何控制對比的濾鏡的情況下，這些顏色是如何記錄在黑白軟片上。

step 1

開啓選好的彩色照片，然後打開圖層面版──視窗 > 圖層(Window > Layers)。接著，點圖層面版下方的建立新調整圖層(Create a New Adjustment Layer)，製造出一個色版混合器(Channel Mixer)調整圖層。在色版混合器對話框裡點確定，接著，在圖層面版裡改變這個調整圖層的混合模式，從正常改為彩色。

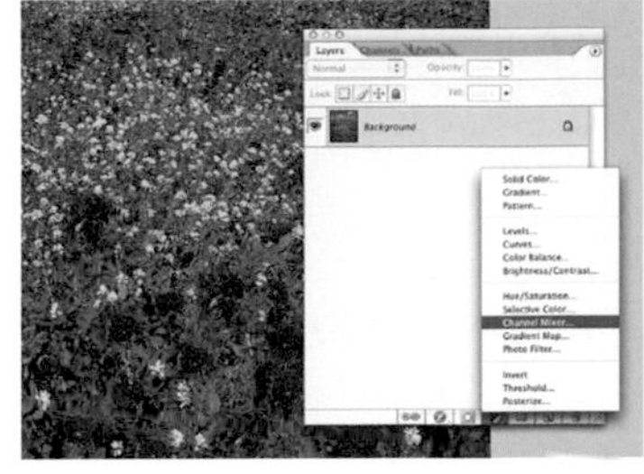

step 2

雙擊調整圖層上的小圖示，再度打開色版混合器的對話框。預設值顯示，紅色設定在100%，綠色和藍色為0%。這和你在拍攝原始照片時使用紅色濾鏡的效果一樣──紅色花兒的色調很亮，但藍色天空和綠色植物則很暗，這使得白雲更顯突出。這種效果很生動，而且也很適合這張照片。

step 3

紅色濾鏡會產生比較生動的效果，但因為畫面中的景物太多，這樣的效果看起來會有點過度強烈。相反的，很多攝影者在拍攝黑白照片時會使用橘色濾鏡，因為它的效果很相似，但緩和得多。這兒雖然沒有橘色色版可用，但我發現，把紅色調為70%、綠色10%、藍色20%，所產生的效果和使用橘色濾鏡時很相似。

step 4

如果使用藍色濾鏡，看看會發生什麼效果。在紅色色版填入0%(預視影像會呈現黑色)，接著填入藍色色版100%。這時，藍色天空會變亮，白雲會更突出，前景會混合得很可怕。難怪很少有人用藍色濾鏡來拍攝黑白風景照。

step 5

想要模仿綠色濾鏡，把藍色和紅色色版都設定0%，綠色色版則設為100%。這時候，最明顯的效果就是綠色植物變亮，紅花變暗，暗得幾乎就像黑色，黃色的花則變得較亮，天空只受到很小的影響。有些風景攝影師會使用綠色濾鏡，因為它會使綠色植物獲得很好的分離度，但在拍攝風景照時，我還是比較喜歡橘色濾鏡。

step 6

有些人則喜歡使用黃色濾鏡。這種濾鏡可以使藍色天空略微變暗，白雲則被特別強調，整體對比度也會稍微增加。色版混合器沒有黃色色版，但我發現，把紅色色版設為25%，藍色色版設為45%，綠色色版則設為30%，這會產生跟使用黃色濾鏡很相近的效果。

F Fine-Art Printing 藝術輸出

使用噴墨印表機把數位影像檔印成相片，經常會讓我覺得，這也是一種「藝術」，幾乎就等於是在傳統暗房裡親手沖印出照片。用藥水沖印出照片是一種樂趣──化學藥水的味道，暗房的紅色安全燈，親手拿著一張卡紙或紙片進行加亮和加深，以及期待從定影液裡拿出一張完美的照片來。但是，在數位暗房裡，製造出照片的機器，是點擊滑鼠來控制的。不過，隨著時間過去，我已經愈來愈喜歡用噴墨印表機來列印照片。

過去幾年中，這項技法已經大有進步。不僅你能印出品質極佳的超值照片，而且印表機的墨水性能也大有改進，印出來的照片品質和傳統暗房所沖印的幾乎同樣穩定，不會在一年左右就褪色。供噴墨印表機使用的相紙的需求量也跟著大增。

我最近剛買了一部最新型的Epson 4800專業印表機，使用Epson最新的Ultrachrome墨水組，可以印出最寬45公分(18吋)的照片──如果是捲筒相紙，寬度則為43公分(17吋)，這表示我可以從6×17公分的正片，印出最大為43×122公分的相片。

對於以前那部舊的印表機Epson Photo Stylus 1290，我從來就沒有太認真去研究，事實上，它的列印品質也不值得我費心去研究。這部新的印表機較大，品質也更好，所以，我覺得應該要好好研究怎麼用它來印出最好的照片，而不只是隨便放進一張相紙，然後按下「列印」就算了(請參閱76-77頁的「校正螢幕和設定印表機參數」)。

需要什麼

- **一部噴墨印表機**。市面上的印表機有幾十種，若從價格/品質/列印尺寸這三方面來同時考量，最好的選擇是一部可以列印A3尺寸的印表機，可以印出33×48公分(13×19吋)的照片，同時也接受最寬33公分(13吋)的捲筒相紙，可以用來列印全景照片。
- **墨水**。最新的墨水品質比幾年前的產品更穩定，列印出來的影像可以保存較長的時間。大部分攝影師在列印彩色照片時，都是使用印表機的原廠墨水，但若是列印黑白照片，他們可能會選擇副廠墨水，像是Lyson公司便生產一些特別墨水。
- **相紙**。我比較喜歡用布面相紙列印彩色和黑白照片。對很多可以列印出藝術品質照片的印表機來說，相紙的最佳選擇就是Hahnemuhle公司生產的相片紙，雖然價錢貴一點，但能夠印出極精緻的照片。
- **影像**。這真的要由你自己決定。我會把印出來的照片加框掛在牆上，或是送給朋友當禮物。

怎麼進行

方法1 印出完美照片

step 1

開啓你選好的影像。看看你對它的色彩平衡是否滿意，必要的話，對它們進行修正或調整。以這張照片來說，有點兒紅色色差，可能是因為當初掃描時，我尚未調校好電腦螢幕，所以，我使用影像 > 調整 > 色彩平衡(Image > Adjustment > Color Balance)來修正這個問題。

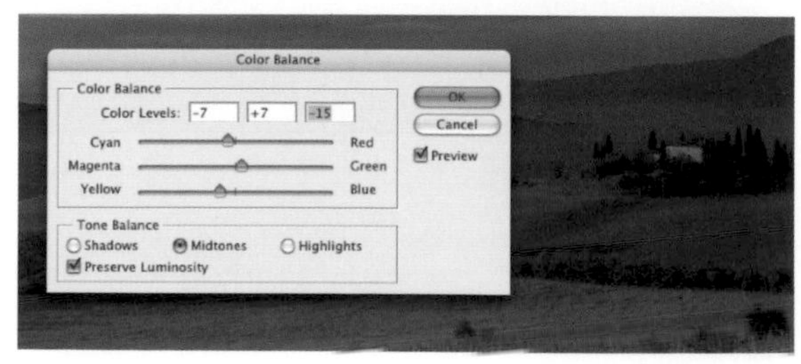

step2

接下來，要確定這張影像真的很「乾淨」，在螢幕上將它放大，仔細察看有沒有污痕、斑點、刮傷或瑕疵，以免它們出現在列印的照片上。使用仿製印章工具(Clone Stamp tool)除去這些缺點。選柔和的筆刷。按住Alt鍵點擊污損旁的區域，複製一些畫素，然後把滑鼠移到污損處，點一下，把它遮掩過去。

step3

如果畫面中有任何不適當的影像，也可以用仿製印章把它們除掉，或是用矩形選取畫面工具(Marquee tool)進行選取，並使用拷貝和貼上。以這個例子來說，我決定除去電線桿和藍色的電報線。

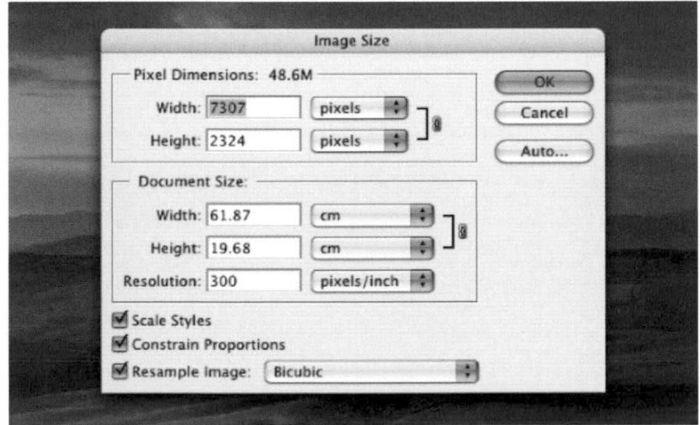

step4

前往影像＞影像尺寸(Image＞Image Size)，察看影像檔的大小。它的解析度應該最少200ppi，但大部分攝影者都會把他們的作品存成300ppi。輸出的影像應該在300ppi左右，因此，在「影像尺寸」中看到的大小，應該就是你能夠用來輸出的最大尺寸。如果印出比這個更大的影像，品質就會變差，除非替這個圖檔補差點。以這個例子來說，這張影像的解析度是300ppi，它的尺寸將近62×19.5公分(25×8吋)。

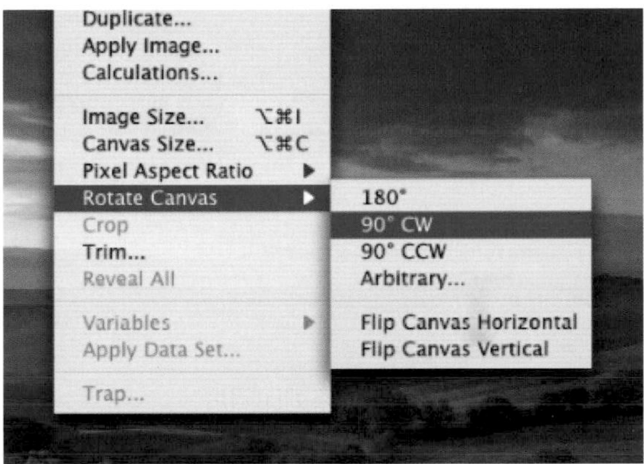

step5

如果影像的方向需要在列印前改變，就趁現在這樣做。我要列印的是一張全景照片，所以我前往影像＞旋轉版面(Image＞Rotate Canvas)，選擇90度。這會把影像旋轉90度，成為列印的方向。

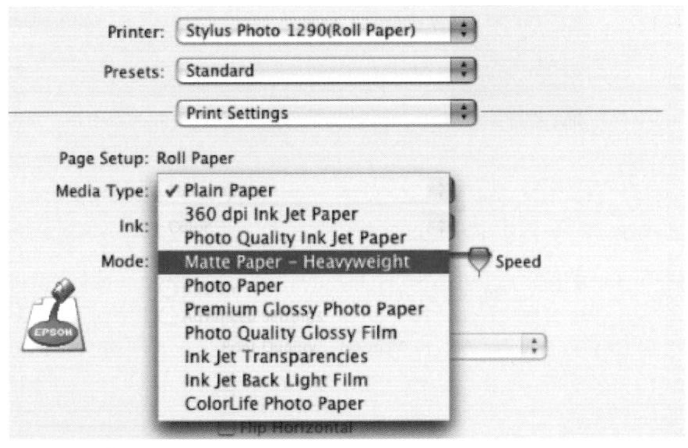

step6

前往檔案＞列印(File＞Print)，這時會彈出一個對話框。我想要印出的是一張全景影像，所以我需要把印表機設定好才能列印。首先，我前往版面設定(Page Setup)，從紙張來源下拉選單中選擇Stylus Photo 1290(捲筒相紙)，接著再從相紙尺寸下拉選單中選擇210mm捲筒相紙。我設定的相紙尺寸為21×65公分(8½×26吋)，最適合用來列印像這這種的全景照片。如何選擇非標準尺寸的相紙，會因印表機不同而有所變化，所以最好先察閱一下印表機的使用手冊。

step 7

接著，前往檔案>列印，並且察看其他設定，像是媒體型態(Media Type)。如果你已經替你使用的某種墨水和紙張的組合設定了「印表機參數檔」，那麼你一定知道這些設定是什麼意思，以及它們應該如何使用──例如，媒體型態，亮白水彩相紙，解析度1440，色彩模式：照片實彩，Gamma 2.2 (Media Type Water Colour Paper Radiant White Resolution 1440, Colour Mode Photo Realistic, Gamma 2.2)。接下來，只需要確定已經把相紙裝好了，然後命令印表機開始列印。

校正螢幕和設定印表機參數

我發現，最重要的就是，如果你想要印出接近原始照片的高品質影像，你需要做兩件事：

1. 校正螢幕。
2. 設定印表機參數。

校正螢幕是有必要的，如此才可以從螢幕上看出這張影像的真實色彩，以及了解它印出來的結果會是什麼模樣。例如，如果你的螢幕有點兒色偏，那麼你照片的色彩看起來就會不對勁。如果你是拍攝軟片、掃描幻燈片或負片，這將造成困惑，因為在比較原始影象和螢幕上的影象時會有些差異。如果你拍攝的是數位檔，甚至會更糟糕，因為你沒有原始影像和它作比較。因此，你會認為你在螢幕上所看到的就是影像的真實樣子，如果你再使用影像編輯軟體開始對它進行修正，那麼你將會把這張影像修得更糟糕。如果你接著就用印表機把它列印出來，更是糟得不可收拾了，因為你會發現，印出來的影像跟你在螢幕上看到的完全不一樣。哪一張才是正確的？問題究竟出在哪兒──是掃描器、螢幕或是印表機？其實只要把螢幕校正好了，至少就可省掉一項出錯的因素。

歐西亞谷地，托斯卡尼，義大利
(Val d'Orcia, Tuscany, Italy)
這樣的景色，如果用很大張的高品質相紙印出來，可是很壯觀的。我曾經把它印成超過1公尺長的大張照片，影像品質仍然很好。
相機：Fuji GX617
鏡頭：90mm
濾鏡： 0.6ND 漸層濾鏡
軟片：Fujichrome Velvia 50

Colorview Spyder II是最容易使用的螢幕調校工具。

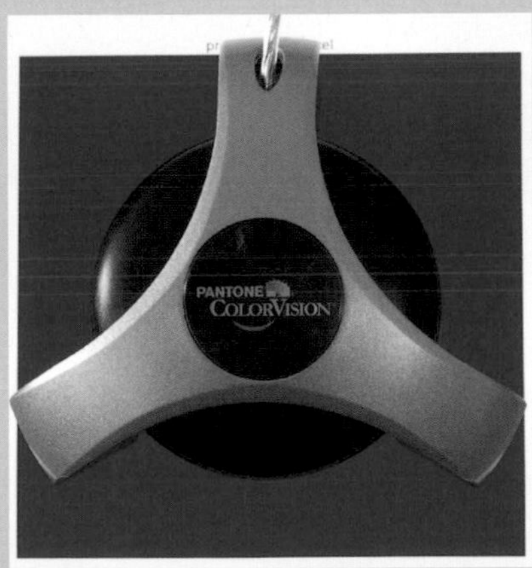

過去幾年來我一直不敢這樣做，因為我總認為這很複雜。不過，當我最後終於買了一組校正套件(Colorview Spyder II)後，立即明白，螢幕校正原來很容易。

想要印出完美照片，下一步就是設定好你的印表機。如果你使用的是同一廠牌的印表機、墨水和相紙，那麼，印表機也許就不需要做特別的設定。但是，如果你使用的是Epson印表機、Permajet墨水和Hahnemuhle相紙，也許就有必要替你的印表機設定一個「印表機參數設定檔」(printer profile)。所謂的印表機參數設定檔，基本上就是一個軟體，能夠把你的印表機驅動程式做最完善的設定，印出最佳色調和墨色。通常可以從墨水和相紙製造廠商的網站下載特定的印表機參數檔，但你也可以自己設定。

印表機參數設定檔就是特定的墨水/相紙組合，需要利用你的印表機就各種不同的設定進行測試，才能製作出這種設定檔。例如，你可能會發現，在使用光面相紙時，如果在印表機的媒體型態裡選Inkjet Backlight Film(噴墨背光軟片)，而不是Premium Gloss Photo Paper(高級光面相紙)，印出來的效果會更好。同樣的原則也適用在印表機解析度、色彩調整等。在進行過這些測試並且完成參數設定檔後，你就會知道，使用某種特定墨水和相紙的組合，就可以印出最佳品質。目前，我的參數設定檔是使用Epson 4800印表機、Epson K3 Ultrachrome墨水和Hahnemuhle Photo Rag相紙的組合──我都是用這個組合來列印限量版藝術照片。

這種組合並不貴，尤其是如果考慮到印表機價格，以及未來幾個月、幾年的相紙和墨水使用量，就更合理了。所以，我強烈推薦你使用這樣的設定，讓你的印表機能夠印出最佳效果。

方法2 印在未上膠的媒體上

當然，你不一定要使用上膠的噴墨相紙——數位列印最令人激賞的原因之一，就是你可以列印在未上膠的媒體上，像是石板紙、手工紙、高質感藝術紙，或甚至印在布上。我曾經看過幾個很棒的例子：有些攝影師購買一些老畫家的素描簿，由於年代久遠，裡面的紙張已經褪色，他們拆開這些素描簿，將一張張的素描紙放進印表機，把影像印在紙上，然後再將這些紙張重新裝訂成冊，就成為一本極為特殊的個人作品集。你也可以去買新的或舊的素描簿，然後用同樣的方法創作出個人獨特風格的相簿。

必須記住的是，這樣做有個缺點：當你把影像列印在未上膠的紙上時，品質將無法如你所預期的。紙上沒有上膠，表示會有更多的墨水被吸收進入紙內，因此，顏色和色調會比較淡，或者列印出來的影像會比較黑。最後印出來的影像，明亮的色彩會受到所使用媒材的基本色影響，因此，如果使用的是老舊、泛黃的紙張，就不要期望能印出清晰、明亮的白色，或是正確的色彩。不過，這一切也正是最有趣的，如果你決定列印某張影像，你就可以使用色階、曲線、色彩平衡和其他Photoshop設定來進行修正，印出最滿意的結果。

因為未上膠的紙張會比上膠紙張吸收更多墨水，墨滴比較容易融合在一起。這表示較不容易印出細節來，所以，你一開始就不要選擇非得要印出細節才會好看的影像。

掃描

如果想印出高品質照片，你便需要使用高品質的數位檔；如果你是使用軟片拍攝，就表示你必須進行掃描。市面上的掃描器很多，有各種價位可以選擇。我使用的掃描器是Microtek平台掃描器，因為它可以處理我拍攝的所有各種不同型態的軟片，從35mm到4×5吋和6×17公分的軟片，且價格便宜。如果購買可以掃描這些型式軟片的底片掃描器，價錢就貴多了。事實上，花多少錢就會得到多少效果，因此，如果你想印出最好的照片，就需要擁有最好的掃描檔。因為有這種想法，我選了幾張照片，請某位有多年經驗的朋友替我進行專業掃描，他使用的掃描器的價錢比我開的汽車還貴。從6×17公分原軟片掃描所得數位檔的大小是180MB，我可以利用它們印出1公尺長的照片。

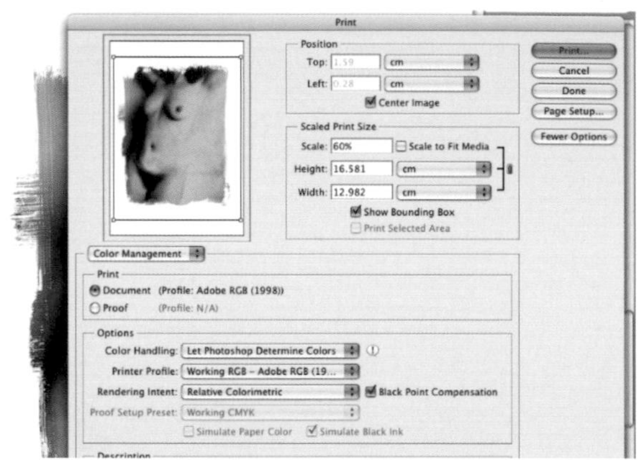

step 1

開啓影像，察看印表機設定。我先列印一張進行測試，看看印出來的效果如何。我是把它印在老舊、開始泛黃的羊皮紙上。我設定列印尺寸為A5(148×210mm)，因為我想要在確定可以印出比較好的效果後，再來列印更大尺寸。另外，我把媒材設定為普通紙(Plain Paper)。

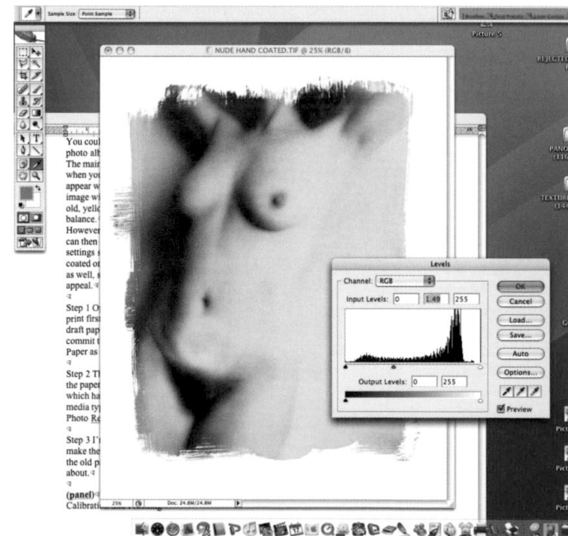

step 2

第一次試印的結果看起來相當不錯，但我調整了一下色階，讓陰影和中間調看起來更亮，產生更細緻的感覺。我也加進一種更溫暖、類似深褐色的色調，然後進行最後的試印。在對最後的試印結果感到滿意後，我決定最後把它列印在同樣的紙張上，尺寸則擴大為A4(210×297mm)。

裸婦
這就是用一張老舊、褪色的紙張印出來的照片。紙上的印記更增添這張影像的感覺，這也正是藝術照所要表現的。
相機：Nikon F90x
鏡頭：50mm
軟片：Fuji Neopan 400

賈比亞尼，尚吉巴
(Jambiani, Zanzibar)
這張簡單、圖畫式構圖的影像，本來是一張彩色正片，掃描後，我再使用色版混合器把它轉變成黑白照片。我接著再轉成灰階，然後使用雙色調功能添加一種溫暖色調。第一張照片太暗，所以我把它拷貝，調整色階，讓它亮一點。這張影像是印在未上膠的Bockingford紙上──這是一種很厚的高級藝術紙。你可以看得出來，因為它的表面質地很粗糙，所以在某些區域上，墨水無法附著，但這樣的效果，正是我喜歡的。
相機：Nikon F5
鏡頭：20mm
濾鏡：偏光鏡
軟片：Fujichrome Velvia 50

G Grain 粒子

談到影像出現粒子這個爭議性的問題，攝影人通常會分成對立的兩派──其中一派愛它，另一派則恨它。

我很高興地說，我是屬於前一派──我愛粒子，而且，粒子愈粗愈好。自從20多年前第一次拿起相機以來，我一直在實驗各種方法，希望能夠強化粒子的效果，從增感顯影(ISO25,000是我至目前為止，用這個方法處理過的最快軟片)，到局部放大和複製等。

不幸的是，因為大部分攝影人都希望他們拍出來的照片能夠盡量沒有粒子，因此，過去幾年來，軟片製造商都一直在努力要減少粒子。即使是目前市面上最快速的軟片，它們的粒子也細得讓人吃驚，這也使我們這些粒子愛好者不得不採用極端手段來獲得想要的粒子效果。

然而，幸運的是，Photoshop已經前來解救我們。現在只要使用幾種數位技術，就可以很快速和容易地把粒子增加到你的影像中，要多少都可以。

如果你是數位相機的使用者，這更是好消息，因為數位相機拍攝出來的影像，更容易用數位影像的處理技術來增加粒子。這也表示，即使是使用慢速軟片拍攝的舊照片，現在也可以替它們加進粒子，因而創作出你的印象主義風格傑作。

需要什麼

- 選幾張彩色或黑白照片。它們如果不是數位檔，而是原始軟片或原始照片，就要先用高解析度掃描。如果你選的是彩色照片，並且想要先把它轉成黑白照片，請使用我在第32-37頁介紹的那幾種方法。

怎麼進行：方法 1-4

方法1 增加雜訊

Photoshop讓你可以用幾種方法來增加粒子，每一種方法的操縱程度各不相同，產生的結果也各自些微不同。最快的方法，就是增加雜訊。開啟影像，選濾鏡＞雜訊＞增加雜訊(Filter＞Noise＞Add Noise)，然後移動調整滑桿。調整後對影像的產生的效果立即可見，所以，你可以多試幾次，直到滿意為止。

辛裴哥斯，古巴
(Cienfuegos, Cuba)
把雜訊加入影像，就可以達成這種效果。我把調整滑桿設定在37%左右，並且勾選均分視窗(Distribution window)中的一致(Uniform)選項。這樣所產生的粒子比我平常追求的還要粗一點，但我還是選擇它，因為我想要比較明顯的效果。除了增加雜訊，我還稍微調了一下色階，並減少色彩飽和度，改善影像的整體氣氛。
相機：Nikon F90x
鏡頭：50mm
軟片：Fujichrome Velvia 50

方法2 使用粒狀紋理濾鏡

接下來的方法，就是使用粒狀紋理濾鏡，這可以幫助你對最後的影像結果有更多的調整能力。

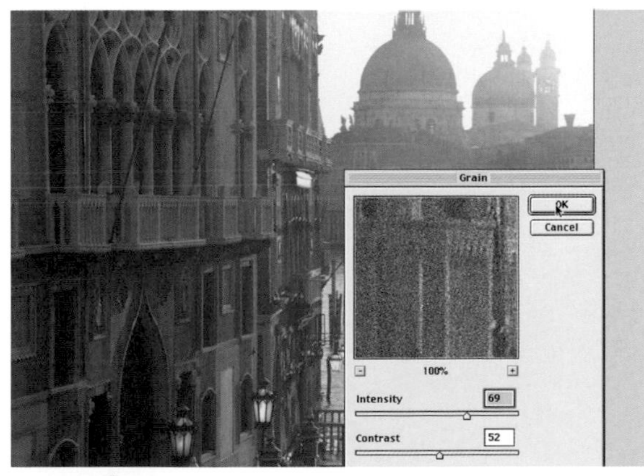

step1

在Photoshop中開啓你的影像，然後選擇濾鏡＞紋理＞粒狀紋理(Filter＞Texture＞Grain)，這時會出現一個視窗。打開粒子類型(Grain Type)的下拉選單，可以有很多選擇，但我發現，其實只有兩種值得選取，就是一般(Regular)和柔軟(Soft)。如果你不希望粒子太過銳利，那就選擇柔軟，我在這兒也是選擇這個。如果想要變化效果，可以試著移動強度和對比滑桿。

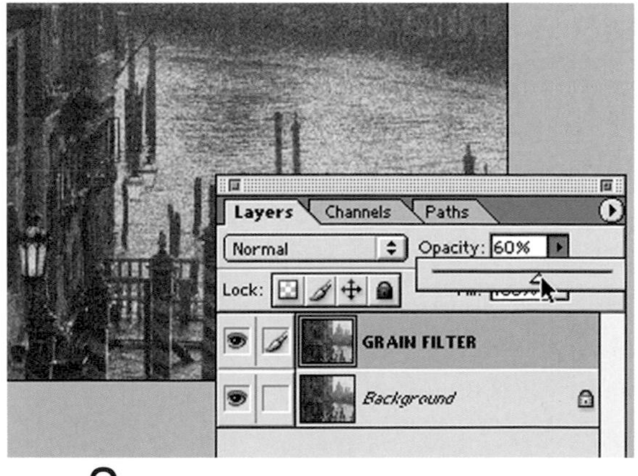

step2

為了讓你自己有更大的調整空間，值得先把原始影像複製一個圖層。想要這樣做，選擇圖層面版──視窗＞圖層(Window＞Layers)──然後把這個影像向下拉進建立新增圖層的圖示。這麼一來，一旦你套用粒子到影像中，你就可以調整不透明度滑桿來變化它的效果。例如，如果粒子太粗，你可以把不透明度減少到70-80%，就可以讓粒子看來較柔和一點。

大運河，威尼斯，義大利
我拍攝這張照片時，相機裡裝的是IS050的Fujichrome Velvia軟片——這是市面上最細的粒子幻燈片軟片。我對上圖的結果感到滿意，但我覺得，在Photoshop使用粒狀紋理濾鏡加入粒子後，大大地增強了這張影像的氣氛。
相機：Pentax 67
鏡頭：165mm
濾鏡：81D暖色濾鏡
軟片：Fujichrome Velvia 50

方法3 網狀效果

以往使用軟片拍攝時，軟片很脆弱，如果你在沖洗軟片時改變溫度——例如，在清洗時，讓清水的溫度比定影劑冷得多——軟片上的顯影劑就會破裂，在整個影像上產生很特殊的圖案。這叫作網狀效果(reticulation)。有些攝影人很喜歡這種「錯誤」，並把它當作一種創意暗房技法。不幸的是，近來的軟片已經不那麼脆弱，所以，幾乎不可能創作出這樣的效果。

老機件
這張影像的原始前身是彩色正片。掃描成數位檔後，我使用第34頁介紹的色版混合器方法，把它轉成黑白照片。我套用了網狀效果，接著調整色階來增加對比，讓最後調整出來的效果更生動。最後，我在色相／飽和度(Hue/Saturation)視窗中調整色相和飽和度，替影像微微加進一些色調。
相機：Nikon F90x／**鏡頭**：105mm微距鏡頭／**軟片**：Fujichrome Sensia II100

幸運的是，Photoshop就有網狀效果濾鏡，也很適合用來把粒子加進照片中。想要使用這個濾鏡，選擇濾鏡＞素描＞網狀效果(Filter＞Sketch＞Reticulation)，然後試著調整三道調整滑桿，直到調出滿意的效果為止。在套用網狀效果後，你將會看到影像變得相當陰暗和平淡。不過，這可以補救，請調整色階和在色版混合器中勾選單色方塊，就可以讓這張影像的色調恢復生氣。

方法4 使用粒狀影像濾鏡

這個濾鏡可以把粒狀圖案很均勻地加入到影像中，這種效果跟使用高速軟片在整個影像畫面產生均勻的粗粒子是一樣的。軟片中的粒子，是軟片感光乳膠中的塊狀銀鹵化物形成的。

step1

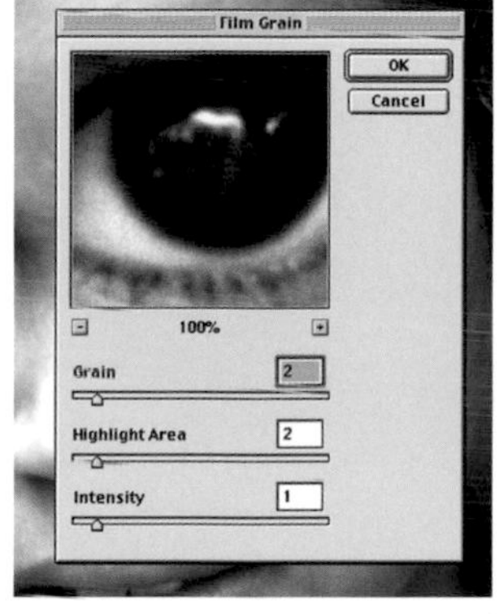

開啟影像檔，選擇濾鏡＞藝術風＞粒狀影像(Filter＞Artistic＞Film Grain)。這時會出現一個對話框，左邊是部分影像的預視區，右邊有三道調整滑桿——粒狀(Grain)、亮部區域(Highlight Area)和明暗度(Intensity)。移動預視視窗裡的影像，直到選定一個可以讓你用來清楚看出粒狀效果的明確區域——以這個例子來說，我選擇畫中人物的一隻眼睛。預視窗內的影像尺寸可以放大或縮小。我發現，100%的大小通常效果最好，但有時候，設定為75%或50%則更合適。要變換預視區域的大小很簡單，只要點一下預視視窗下面的＋或－圖示即可。

step2

最好先複製你的影像圖層，萬一發生錯誤，原始影像可以仍然保持不變。打開圖層面版——視窗＞圖層(Windows＞Layers)——然後把背景圖層向下拉到對話框裡的建立新增圖層圖示。雙點擊複製圖層圖示，替它重新命名為「粒狀影像」，或是你覺得合適的名稱。

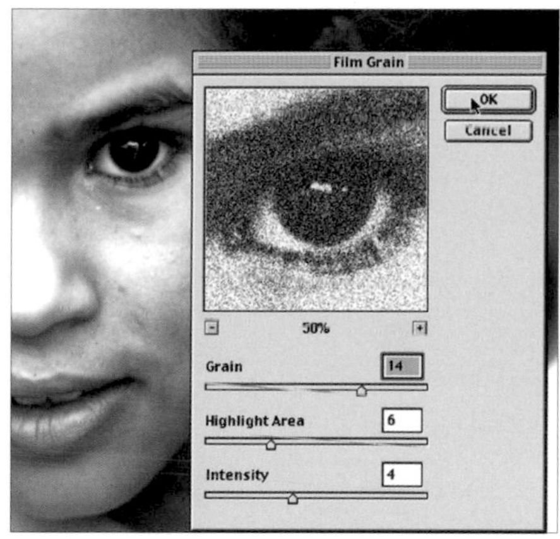

step3

向右移動粒狀滑桿，用來增加粒子尺寸。我把它移到14的位置，這樣的粒子算是很大了，因為我想要讓影像產生一種如砂礫般且帶有新聞攝影的感覺。還有，我知道，就算這樣子造成的效果太過強烈，我還是可以用減少圖層不透明度的方式——像是減少到80%左右——來緩和它的效果。

step4

套用粒狀影像效果後，整個影像看來很平淡和陰暗。這可以用調整色階來補救——先把陰影部分調暗，接著調亮中間調和亮部，以增加對比，以及更強化粒狀效果。

沙漠女孩，哈斯拉畢亞，摩洛哥
(Desert Girl, Hassi Labiad, Morocco)

我很喜歡這張有著細緻粒子的女孩的原始人像照，但我覺得，如果在影像裡再加進更粗的粒子，效果可能更強烈。如果以傳統暗房技術來處理，這是不可能辦到的，因為我拍攝這張照片的軟片只有IS0100，所以它的粒子十分細。不過，Photoshop的粒狀影像功能，很輕易就解決了這個問題。

相機：Nikon F5 / **鏡頭**：80-200mm變焦鏡
軟片：Fujichrome Provia 100F

歐西亞谷地，托斯卡尼，義大利 (Val d'Orcia, Tuscany, Italy)
很難相信，這張有著粗粒子、構圖突出的黑白風景照片，原來是一張氣氛寧靜的彩色照片（左下），這就是Photoshop強大功能的最佳見證！先把這張彩色照片轉變成黑白照片，接著套用粒狀影像濾鏡功能，然後在色版混合器裡調整色調，直到獲得滿意的效果。
相機：Pentax 67／**鏡頭**：165mm／ **濾鏡**：81c暖色濾鏡／ **軟片**：Fujichrome Velvia 50

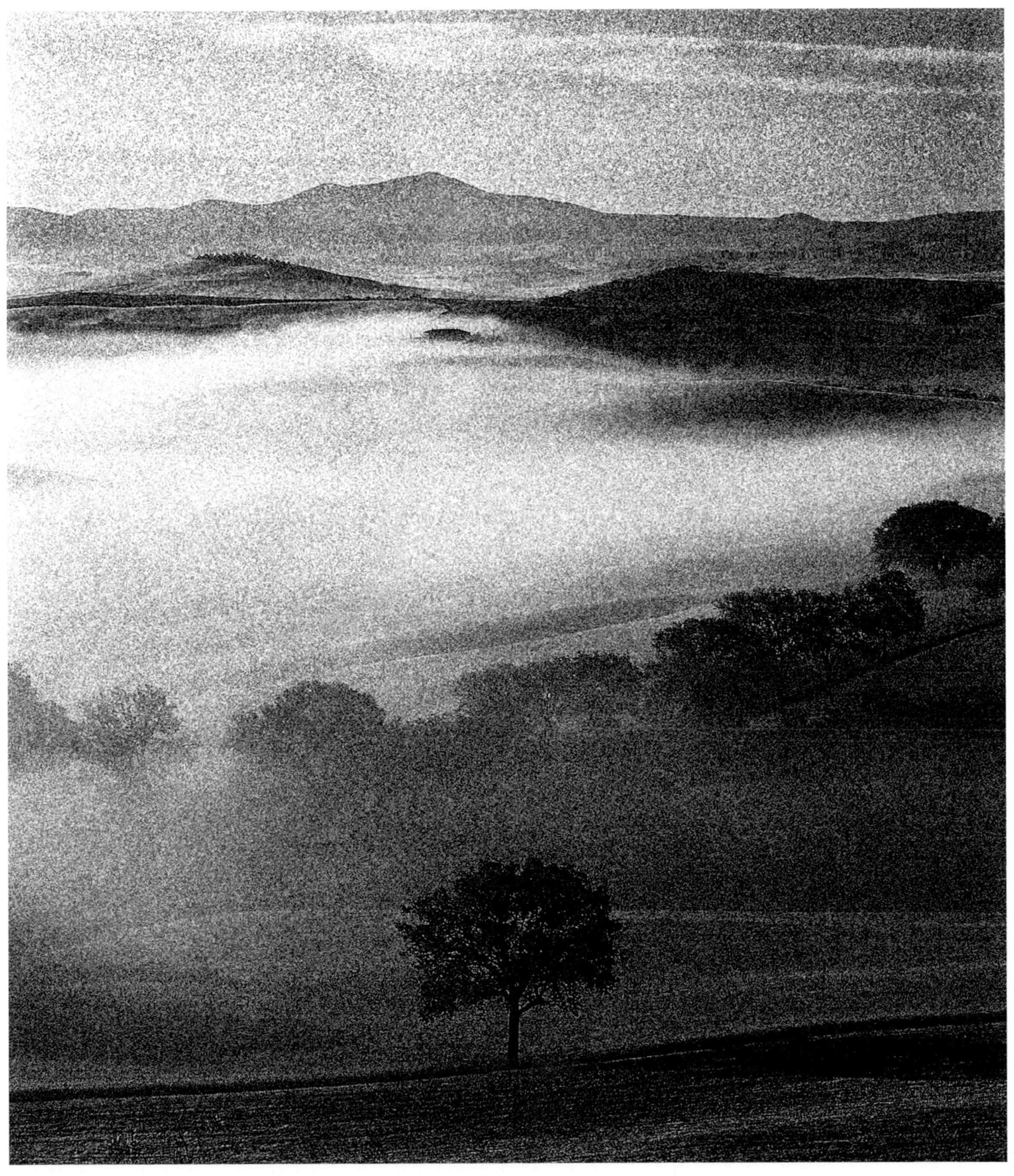

G Graduated Filter Effects 漸層濾鏡效果

風景攝影常見的一個問題，就是天空總是比風景本身亮。因此，如果你對風景正確曝光，天空就會曝光過度，而在畫面上顯得太亮。

想要解決這個問題，傳統方法就是使用漸層減光鏡(neutral density [ND] graduate filters)，它的上半部是灰色，下半部則是清晰無色。小心地把這個濾鏡加在你的鏡頭前，濾鏡的灰色部分便會遮住天空，如此可以調低天空的色調，拍出來的天空就跟眼睛看到的很接近。

如果你是使用數位相機拍攝，有一個更容易的解決方法。不要在鏡頭前加漸層濾鏡，先拍一張天空曝光正確的照片，然後使用Photoshop來增加前景亮度。

這個方法好過對前景曝光正確然後再用Photoshop來加深天空顏色，因為如果天空真的很亮，你會因此把亮部變得太暗而失去細節。但曝光不足則不會破壞細節，所以只要對陰影區域加亮，就可以讓細節呈現出來。

需要什麼

- 一張風景照片，天空要曝光正確，但前景則曝光不足。

怎麼進行

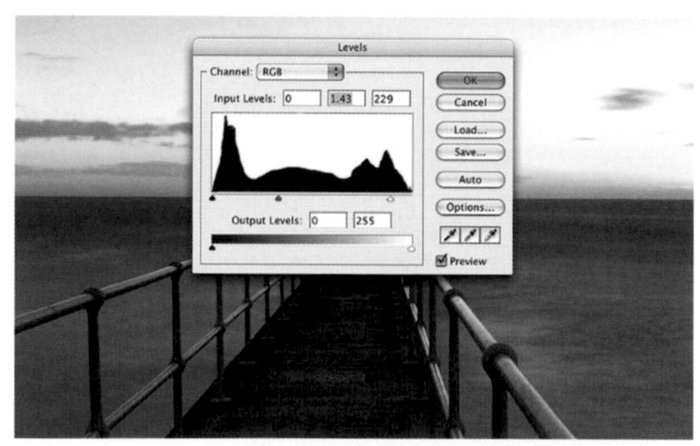

step 1

打開原始影像，然後製作一個色階調整圖層，前往圖層＞新增調整圖層＞色階(Layer＞New Adjustment Layer＞Levels)，或是點擊圖層面版的新調整圖層圖示，並且選擇色階。這個圖層被啟動後，把亮部和中間調滑桿向左拉，直到原來很暗的前景看起來正確為止。

step 2

你現在將會注意到天空太亮，因為色階在調整前景時也會同時調整天空。想要改正這個問題，點選Photoshop工具箱的漸層工具(Gradient tool)，然後前往螢幕左上方的工具預設圖，並把前景設為透明。如果你不確定應該選哪一個，把游標移到每一個圖示上，這個圖示的名稱就會顯現出來。

step 3

確定色階調整圖層已經啟動，在圖層面版點它的圖示，然後使用滑鼠，把游漂移到影像上端，從上到下拉一條直線到水平線。這將會製作出一個黑到透明的漸層，就好像一個漸層減光鏡。在黑色區域裡，色階調整圖層的效果將會消失。

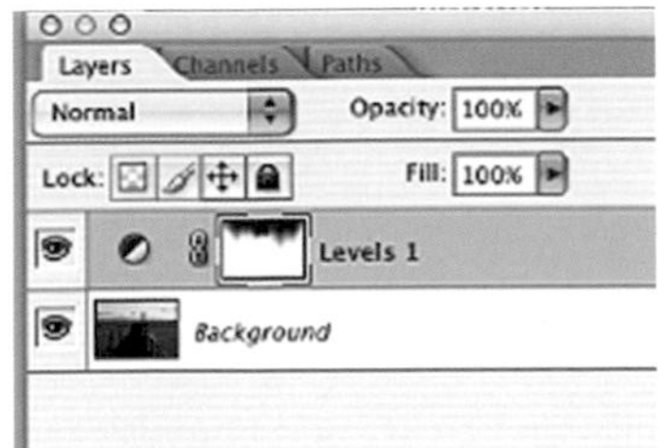

step 4

重複在天空畫線的過程，慢慢地，它將把天空恢復到我們想要的樣子。這兒需要多試幾次，也可以先拉出直線，再拉著它橫過天空到對角。

漸層濾鏡增效模組

Photoshop的增效模組(Plug-ins)很多，像是DRI Pro Plugin v1.1，這是Fred Miranda公司產品（請造訪www.fredmiranda.com網站），這可以讓你對一個場景拍出兩張完全一樣的照片。其中一張天空正確曝光，第二張則是前景曝光正確，接著，點一下滑鼠，兩張照片就會組合起來，讓你的整個影像都獲得正確曝光。這不僅快速又容易，而且可以自動達成最精確的效果，遠遠超過你對任何漸層減光鏡的期望——尤其是如果有重要的景物劃過天際，像是建築物或樹木的話。

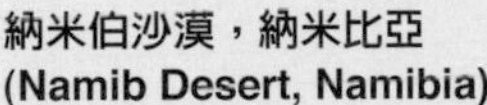

納米伯沙漠，納米比亞
(Namib Desert, Namibia)

從這三張照片的比較就可以看出，一張是天空正確曝光，第二張則是沙丘正確曝光。這兩張影像接著組合起來，成為一張全部曝光正確的影像。

相機：Nikon Coolpix 4300
加上內建變焦鏡頭

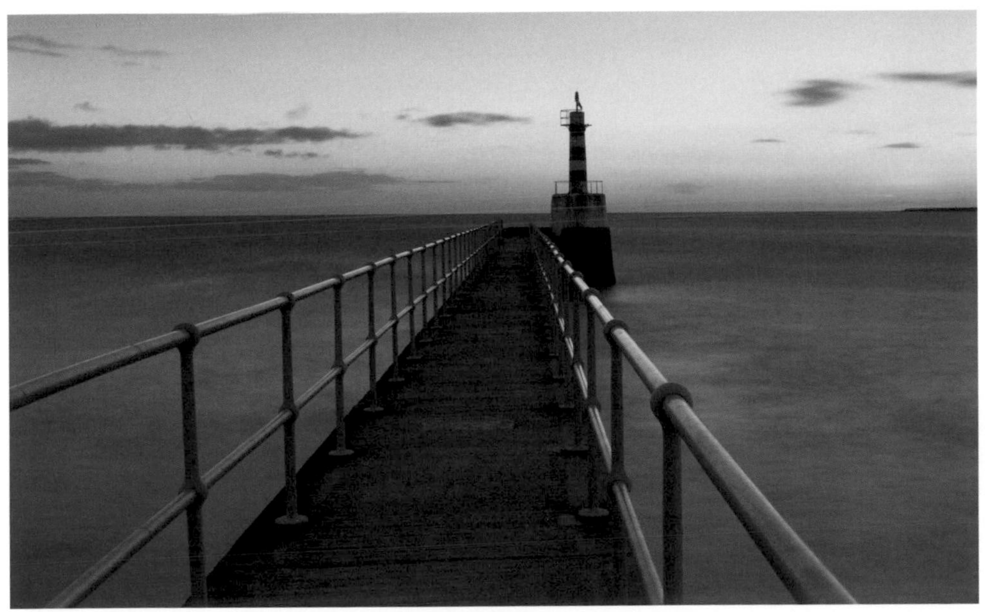

碼頭步道，北安伯蘭，英國 (Amble Pier, Northumberland, England)

先對著天空曝光，然後使用色階調整圖層來調亮前景，接著再使用漸層工具調整天空，就可以獲得這樣的完美結果。

相機：Pentax 67 / **鏡頭**：55mm / **軟片**：Fujichrome Velvia 50

H Hand-Colouring 手工上色

我一直很敬佩一些攝影師，他們可以很有耐心地花上幾個小時，甚至是幾天，不辭辛勞地替黑白照片上色。這是很漫長且花費心力的過程，必須一次一次畫上很薄的一層墨水或顏料，等它們乾掉，再慢慢增加色彩的厚度，直到達到最後目標。

想要做好這個工作，你的手指必須十分靈巧。這個工作很容易出錯，只要稍一不小心，所有的苦心和勞力都可能付諸流水。考慮到要花上那麼多心力，才能得到理想效果的機會又不大，這使得我不敢去輕易嘗試。

但有了Photoshop後，整個情況都不同了。雖然這仍是很緩慢的過程，也沒有什麼成功的捷徑，但萬一發生錯誤的話，則可以很輕易改正。而且不需是上色高手，也可以很精確地替照片上好顏色。事實上，即使你是第一次嘗試，也有可能創作出驚人的作品。

如果你準備上色的是彩色照片，不妨去掉它的飽和度，但不要轉成灰階模式，因為你要用到它的色彩資訊。在某些情況下，替這張影像加上一層淡淡的深褐色色調，也是不錯的點子，因為這會變成很有用的背景顏色。想要這樣做，最簡單的法子就是前往影像>調整>色相/飽和度(Image>Adjustment>Hue/Saturation)，移動色相和飽和度的調整滑桿，直到出現你滿意的色調。

需要什麼

■ 幾張精心挑選的彩色或黑白照片。

怎麼進行

數位手工上色，就是先選好你想上色的區域，然後使用色相 / 飽和度調整圖層，把每一種顏色加上去。

step 1

使用矩形選取畫面工具(Marquee tool)或套索工具(Lasso tool)，選出想要上色的第一個區域，選愈多愈好。以這個例子來說，我只想替汽車上色，所以我選了虛線的那一部分。

step 2

點選靠近工具箱最下方的快速遮色片(Quick Mask)圖示，如此一來，除了剛才選取的部分，畫面上所有影像都會變成紅色。

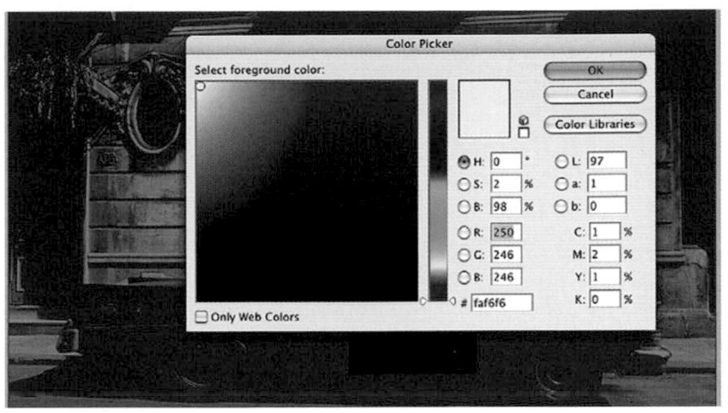

step3

把前景顏色變成白色：點選工具箱的大白色方塊，然後在出現的檢色器裡，把選色點移到左上角，按下確定。

step4

點選工具箱裡的筆刷工具圖示，選擇柔軟筆刷。將影像放大，開始把你想要上色的那個區域的紅色塗掉。

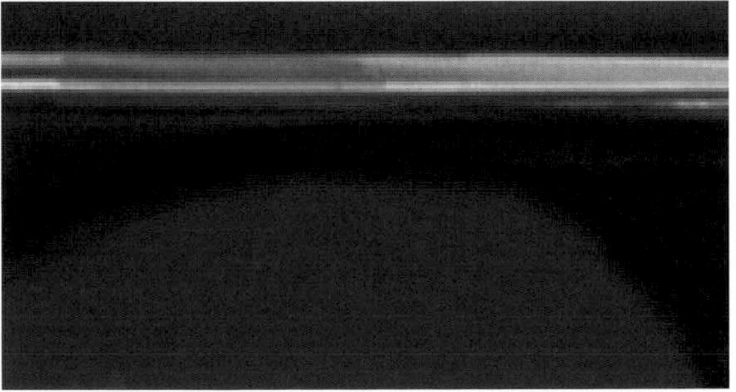

step5

不用擔心自己笨手笨腳，把不想要上色的區域也塗掉了——只要用橡皮擦工具再把紅色塗回去，就可以修正這些錯誤。

step6

如果你想要上色的區域很大，就像這個例子，最好每隔幾分鐘就把影像縮小一點，檢查有沒有出錯。以這個例子來說，我想要替這輛原來彩色的汽車全部車身都上色，這表示我必須塗掉汽車每一部分的遮色片。

step7

將全部區域都塗掉之後，關掉快速遮色片模式編輯的功能。先前選定的區域會出現移動虛線。

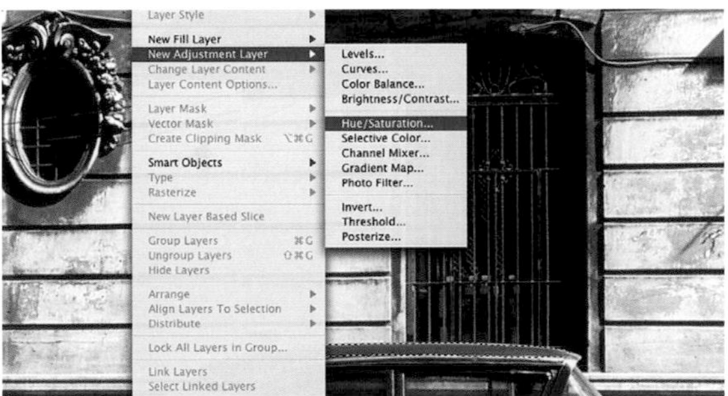

step8

這時，前往圖層＞新增調整圖層＞色相/飽和度(Layer＞New Adjustment Layer＞Hue/Saturation)，在視窗彈出後，移動色相和飽和度滑桿，直到獲得滿意的顏色。

想要作出什麼樣的效果，完全由你自己來決定，可以是細緻、生動、寫實，或是完全超脫凡俗——發揮你的想像力吧！我在這兒作出兩種變化。

美國老爺車，哈瓦那，古巴

我最後選擇替汽車加上綠色，原因很簡單，因為這輛車本來就是綠色的。我本來考慮在其他區域也加上一點顏色，像是左邊大門上方的植物，但後來還是決定愈簡單愈好。從開始到結束，共花了30分鐘——對第一次嘗試手工上色的我來說，算是很不錯的成績。

相機：Nikon F5 / **鏡頭**：28mm / **軟片**：Ilford FP4 Plus

威尼斯嘉年華，義大利

在第一次手工上色成功後，我決定拿這張照片作更大膽的嘗試。首先，我把黑白照片加進深褐色色調，作為背景色。接著，我小心地選好想要塗上紅色的衣服區域，然後使用色相／飽和度調整圖層來上色。完成後，我再選擇這位女士的嘴唇，替它上色。本來這樣就可以了，但我決定在背景加進一些顏色——首先是替百葉窗加上淺藍色，接著為牆壁著上淺黃色。所有白色區域都保留原樣，前景的鐵欄杆也沒有處理，讓它呈現最初加入的深褐色調。製作這張作品，為我帶來莫大的樂趣，共花了大約1小時。

相機：Nikon F5

鏡頭：00-200mm變焦鏡

軟片：Ilford FP4 Plus

商店門口，千里達，古巴

並不一定都要把顏色加進黑白照片，也可以從彩色照片裡取走顏色，而產生相似的結果。以這個例子來說，我使用快速遮色片(Quick Mask)工具選取門口和腳踏車以外的所有區域。然後，我去掉調整圖層的飽和度，如此一來，牆壁和人行道就會變成黑白。接著前往影像>調整>色相／飽和度，替影像的其餘區域增加飽和度，讓腳踏車、大門和窗簾更顯生動。

相機：Nikon F5

鏡頭：28mm

軟片：Fujichrome Velvia 50

I

Image Transfer 影像轉移

我最喜歡的拍立得技法就是影像轉移。例如用拍立得軟片拍攝一張照片，或是把現有影像複製到拍立得軟片，然後，不要等到讓這張拍立得軟片完全顯影，馬上就把軟片掀開，讓含有顏料的「負片」部分和另一種素材接觸，如此就能把影像轉移到這個素材上。

過去我這樣做過好幾次，主要是把影像轉移到高質感藝術紙上，效果相當精彩。但是，這種紙材相當昂貴，而且這種技術也並不保證每次都能成功——可能需要丟掉兩、三張失敗的作品到垃圾桶，才能得到一張成功作品。

最明顯的解決方法，就是用數位技術重新創造出這樣的效果，所以，我決定找出這樣的方法。我發現，大部分技術或教學手冊所教的法子都太過複雜，而且主要是針對有經驗的數位藝術家，所以，我決定把這些書籍拋到一旁，自己想出比較簡單的法子。

需要什麼

- 選幾張彩色照片。影像轉移後，飽和度會減少，也可能出現色偏情況，所以在決定要使用哪張影像來進行影像轉移時，腦袋裡就要記住這兩點。我喜歡簡單、大膽的影像——人像、靜物和建築物，最為理想。你也需要一張真正的拍立得轉移影像，或是拍立得立即顯影軟片的負片部分，如此一來，你就可以把它掃描，以及使用它的邊框——要從什麼也沒有的情況下創作出影像轉移邊框，這是有點困難的。如果你掃描了拍立得立即顯像照片的軟片部分，你必須把掃描出來的影像反轉，讓它成為正片影像，這要使用影像＞調整＞負片效果(Image＞Adjustments＞Invert)。

怎麼進行

step1

開啓選好的影像，把它裁剪成接近正方形，因為這正是拍立得照片的影像比例。接著，開始調整顏色，使用影像＞調整＞選取顏色(Image＞Adjustments＞Selective Color)。依序選擇每一種顏色，減少紫紅色，增加黃色，讓影像看來更溫暖。

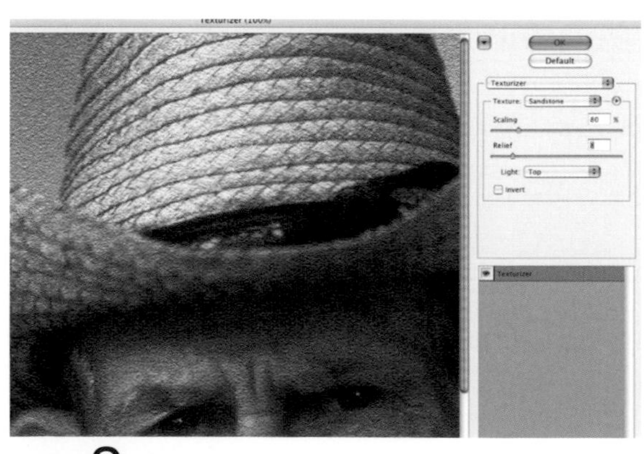

step2

影像轉移的主要特點之一，就是顏料被轉移過去的那個素材會造成特殊的紋理。想要加進這樣的紋理，就必須掃描一張有紋理的紙張，然後把它和主影像組合成為一個圖層，並調整不透明度來達成正確的效果。但為了節省時間，我使用濾鏡＞紋理＞紋理化(Filter＞Texture＞Texturizer)，我選擇砂岩作為紋理，並把縮放比(Scaling)設定為80%，浮雕(Relief)設定為8。

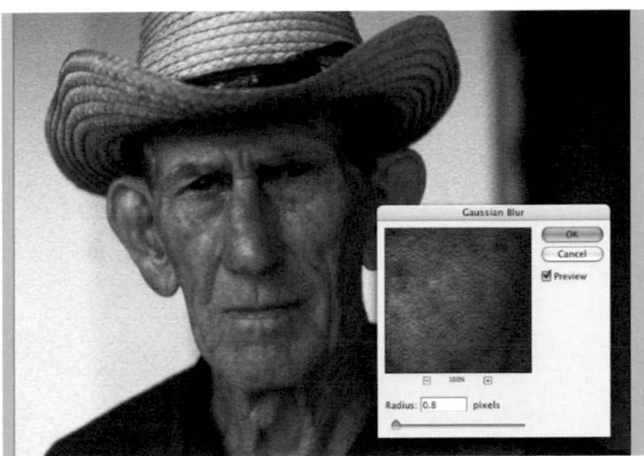

step3

避免讓紋理看來太過銳利，可以套用高斯模糊——濾鏡＞模糊＞高斯模糊(Filter＞Blur＞Gaussian　Blur)——但不要模糊過度。我在這兒把模糊強度設為只有0.8畫素，讓邊緣不那麼銳利，但又不會讓影像看來很柔和。

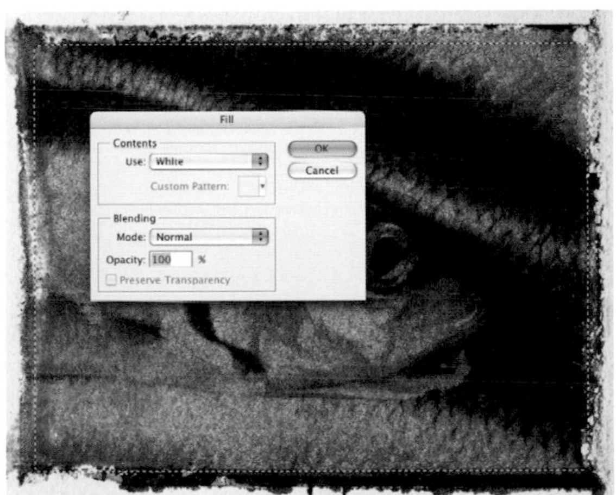

step4

開啟真實的拍立得影像轉移作品，使用矩形選取畫面工具(Marquee tool)選取影像中央部分，把這部分除掉，只留下拍立得畫面的邊框，並把羽化程度設定10畫素，讓邊緣柔和。當你選好需要的部分後，前往編輯＞填滿(Edit＞Fill)，並在內容下拉選單中選白色，按下確定，選取的區域就會變成白色。

step5

(右上圖) 開啟你想要把它變成影像轉移的那張影像，讓你可以在桌面上同時看到它和那張拍立得邊框影像。從螢幕左邊的工具箱裡選取移動工具(Move tool)，然後把影像拉過來丟進邊框影像裡。

step6

如果需要縮小影像 (你可能有此需要)，前往編輯＞變形＞縮放(Edit＞Transform＞Scale)，根據需要縮放，直到影像填滿白色區域為止。萬一影像超出拍立得邊框影像，也沒有關係。

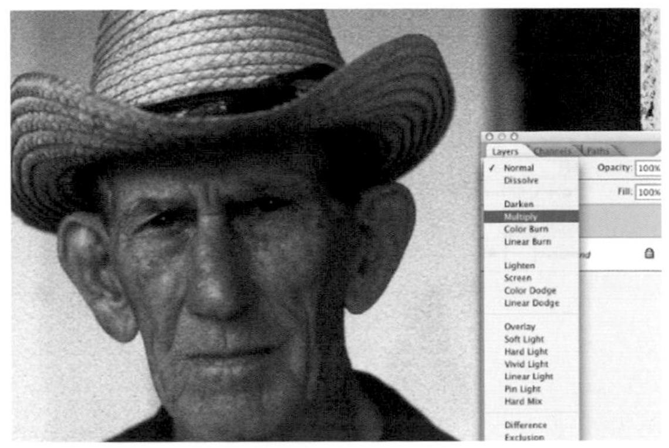

step7

在圖層面版裡，把主影像的混合模式改成色彩增值(Multiply)，然後對圖層進行影像平面化。

step 8

主影像的邊緣會太過銳利和僵硬，需要和拍立得邊框合併，才能看來較為自然。有些方法可以做到這一點，但相當複雜，我發現最快和最簡單的方法就是使用仿製印章工具(Clone Stamp tool)。在基本筆刷選單(Basic Brushes menu)裡選取柔軟的筆刷，把不透明度設定在60%，然後用筆刷塗抹影像銳利的邊緣。這要一點一點地進行，沿著影像邊緣修正，直到獲得滿意的效果。

step 9

當你對影像的紋理感到滿意，整個過程幾乎就差不多完成了。但是，以這個例子來說，我決定讓紋理更為粗糙一點，所以，我再度使用濾鏡＞紋理＞紋理化(Filter＞Texture＞Texturizer)，選擇粗麻布作為紋理，並且設定縮放度為124%，浮雕則設定為3。這並沒有對或錯的問題，所以怎麼設定都可以，只要你喜歡就行。

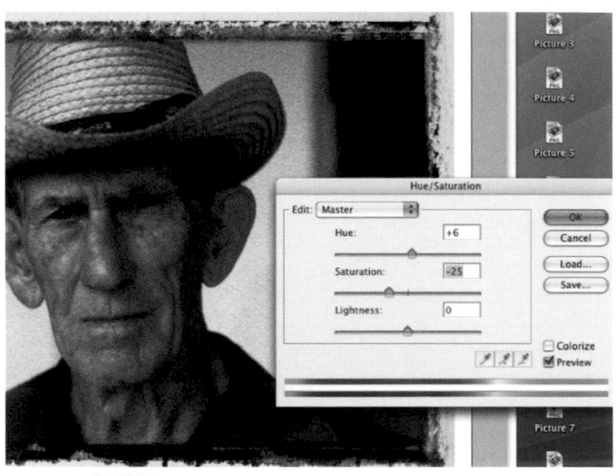

step 10

這一張影像的最後階段，就是調整色相和飽和度。我也調整色階，讓這張影像的整體感覺更接近我認為應該的樣子。沒有完美的「典範」可以讓你遵循，因為每一張影像看來都不一樣，所以，按照你的本能去進行即可。

農夫，維那勒斯，古巴 (Farmer, Vinalas, Cuba)

請拿這張原始影像，和轉移後的影像做個比較，看看兩者有什麼不同之處。

相機：Nikon F5 / **鏡頭**：50mm / **軟片**：Fujichrome Velvia 100F

只要遵照前面介紹的步驟，就可以期待會獲得這樣的結果。過去幾年來，我已經創作出很多真實的拍立得影像轉移，所以，根據我的經驗，這張影像並不比真實的拍立得影像轉移差。在影像轉移過程中，我故意調整色相和飽和度，以產生色偏。我也確定使畫面出現很明顯的紋理效果，好讓它看起來就像真的影像轉移到藝術紙張上，如Bockingford牌的高品質藝術紙。

威尼斯嘉年華，義大利

為了創作這張影像轉移，我決定製造出一種藍／綠色偏的效果，方法是在影像>調整>色相／飽和度(Image>Adjustments>Hue/Saturation)中調整色相滑桿，同時也前往影像>調整>曲線(Image>Adjustments>Curves)調整藍色色版。在這方面沒有什麼對或錯，所以，儘管放心大膽地嘗試——只要你對最後結果感到滿意，這才是最重要的。

相機：Nikon F90x／**鏡頭**：50mm／**軟片**：Fujichrome Velvia 100F

J Joiners 組合照

當我在1980年代初對攝影感到興趣之後不久，英國藝術家大衛．哈克尼(David Hockney)以他的「組合」作品造成轟動。他的這些攝影作品都是很龐大的巨作，他先拍攝幾十張(有時是幾百張)單獨的照片，然後再像拼圖一樣把它們組合起來。但這些照片並不是接得很完美，有時某些照片的部分畫面還重複，而讓最後的影像呈現出三度空間效果。過不了多久，其他攝影師也紛紛起而效尤，一時間，每個人都來試一下。

今天，你可以用數位手法創作組合照片作品。你必須做的就是拿起數位相機拍攝很多照片，使用變焦鏡頭對準小區域拍攝，讓你可以一點一滴地捕捉所選定的主體或景色。不必擔心有些區域拍了一次以上，或是某些區域重複——這就是趣味所在。

將這些影像都傳輸進電腦後，把這些單獨的影像拉進一個超大的版面裡，並且移動它們，直到獲得滿意的效果。

另一個方法，也就是我在這兒使用的，就是選好一張照片，逐次複印它的一小部分，最後把它們組合起來。這個方法的好處是，你可以自行決定要複印哪些區域。這個方法很方便，可以讓你一步一步地把照片組合起來，而且在過程中你還可以作出許多創意決定。

需要什麼

■ 可以選一張大照片，或是同一主題很多張。

怎麼進行

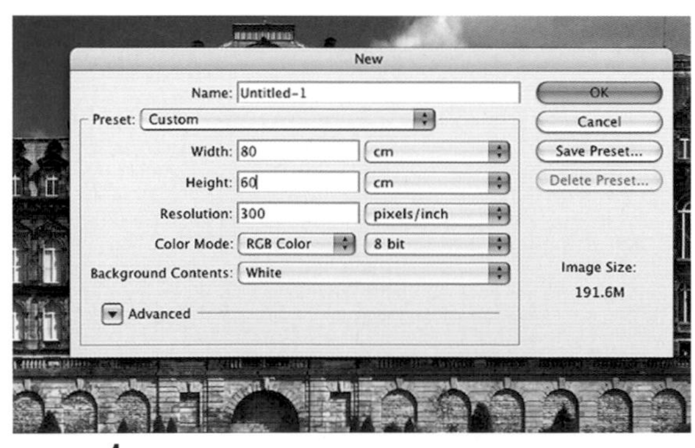

step 1

開啓所要處理的影像，再前往檔案＞開新檔案(File＞New)。在彈出的對話框裡，填入新版面的尺寸。這至少要比你將處理的影像大上25%，但就算後來發現在這一步設定的版面不夠大，你也隨時都可以把它擴大，只要前往影像＞版面尺寸(Image＞Canvas Size)。填入你希望的解析度(我在這兒填入300ppi)，背景內容(Background Contents)設為白色，色彩模式設定RGB。

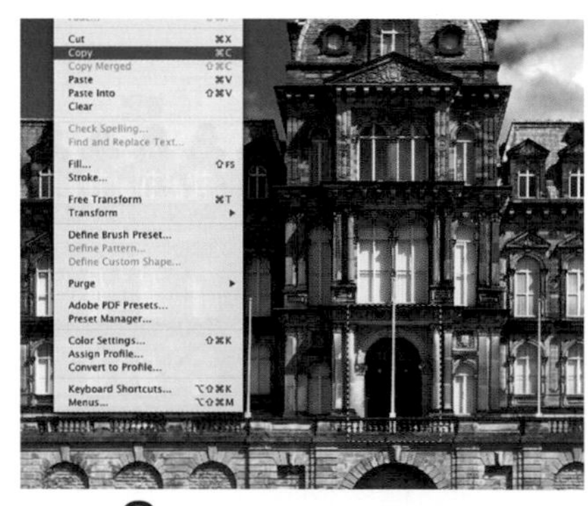

step 2

回到原始影像，使用矩形選取畫面工具(Marquee tool)在主要區域四周做選取。選擇區的大小，決定於你最後的組合照片要使用多少張單獨影像——選取區愈小，就必須做更多次的選取，才能把整個影像拷貝下來。每一個選取區的大小應該彼此相似，如此才能讓人覺得，你的組合照片是用一疊小照片組合而成。因此，不管你第一次的選取區多大，接下來的其餘選取區應該也要差不多大小。

step3

選取完畢後，在其中一個選取區上點一下，然後用滑鼠把矩形選取畫面工具拉到它上面，前往編輯＞拷貝(Edit＞Copy)，將它拷貝下來。接著，點一下新版面，並且前往編輯＞貼上，選取區就會被拷貝到新版面上。使用移動工具(Move tool)，把它拖到你想要的位置。

step4

點一下原始影像，重複第3步。當你將新選取區貼上新版面後，需要再移動位置。一直重複第3步，慢慢地，你的組合作品就會開始成形。處理特定區域，並使用原始影像作參考。把這兩張影像並排放在桌面，讓你處理其中一張時可以看到另一張。如果想要讓每個選取區都同樣大小，不要每次都用矩形選取畫面工具進行新的選取，只要把你已經選好的區域移到下一個區域，然後把它拷貝和貼上新版面。

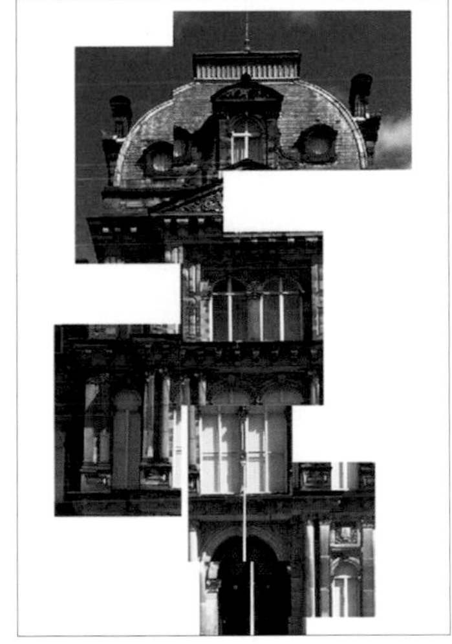

step5

每次你將新選取區貼上新版面，就會製造出一個新圖層，版面尺寸也會增加，所以要不斷進行影象平面化，使用圖層＞影像平面化(Layer＞Flatten Image)。記住，一旦影像平面化，就不能再對平面化之前的影像進行任何改變，因此，不必太急著這樣做。如果你沒有把圖層平面化，你隨時都可以打開圖層面版──前往視窗＞圖層(Windows＞Layers)──選一個圖層，去除上面的選取區，或是把這個選取區移往另一個位置，不過，你實在不需要這樣做。

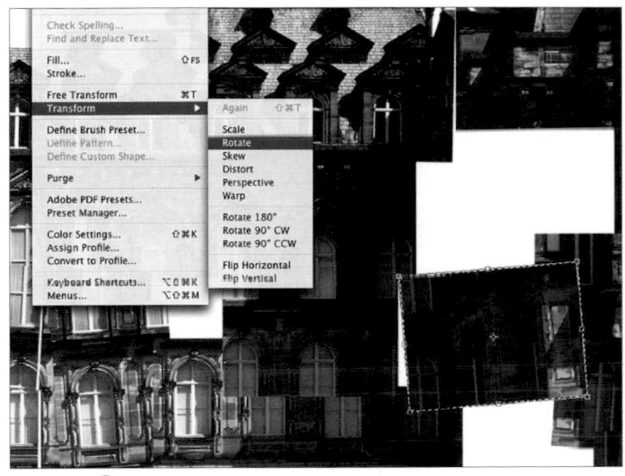

step6

拷貝和貼上選取區的過程要花掉很多時間，所以，如果你開始覺得有點累或感到厭煩，你可以暫時停止，去休息一下，待會兒再回來。想要讓組合照片更有趣，可以變化一些選取區的角度。例如，先把選取區貼在版面上，然後前往編輯＞變形＞旋轉(Edit＞Transform＞Rotate)，就可以拉著它的一個角旋轉。

step7

想要創作出一張成功的組合照片，關鍵就在於，在保留原始影像的真實感的同時，更要注意拼圖各個小部分的擺放位置不能顯得太過工整，最好能在這兩者之間找到平衡點。試著把其中一些小圖的某些部分重疊，或是加以旋轉，或是不把它們排成直線。

step 8

對於有些重複的區域，你可以把相同的選取區貼在不同區域──以我這張影像來說，砂礫地和天空就是最好的例子。我不但沒有每次都選取不同區域，反而把同一區域選取幾次，並把它們到處移動，讓它們看來不那麼明顯──這樣可以節省時間。為了讓最後呈現出來的影像效果特殊，我也對某些區域重複選取，尤其是影像的邊緣部分。一再選取的目的，就是不要呈現出太過四平八穩的感覺。

鮑斯博物館，巴納德古堡，德罕郡，英國
(Bowes Museum, Barnard Castle, County Durham, England)

我決定使用這張影像作為組合照片的基礎，因為這幢建築物有很多部分是一再重複的，像是窗戶和欄杆，我知道這可以給我很多嘗試的空間，即使犯錯也不會那麼明顯。我一共花了兩小時才完成，並且從原始影像裡做了一百多次不同的選取，而且把它們貼在新版面上。

相機：Calumet Cadet 4×5吋，架在單軌上
鏡頭：150mm
濾鏡：偏光鏡
軟片：Fujichrome Provia 100

L Liquid Emulsion 感光乳膠

很多年來，藝術攝影家都使用攝影感光乳膠，創作出具有極佳紋理效果的一次性影像。它的作法是在暗房情況下，將感光乳膠塗在某個合適的底層，然後像處理一般黑白照片那樣對它進行曝光和顯影。在運用這項技術時，手工紙是最常使用的，但也有人使用玻璃、木頭、金屬、布料，或甚至像小鵝卵石這樣的材料。

使用感光乳膠來創作，唯一的缺點是很花時間，費用也很高，而且成功機會並不是很大。幸運的是，現在只要使用數位技術，就可以很容易完成類似的效果，所投下的金錢和時間也相對減少很多。

用數位手法重製這種過程，還有另一個最大優點，就是不必弄得一團亂，而且也不需要在黑暗中摸索——只要坐在廚房餐桌和電腦桌前，就可以舒舒服服地完成整個過程。你也可以用現有的彩色和黑白照片來處理，並且對最後的成果擁有絕對的控制權。

需要什麼

■ 我使用一張手工紙——跟我以前創作真正的感光乳膠作品時所使用的相同——來創作出一張遮色片。你可以使用衛生紙、木頭、或任何可以用來掃描的物品。還需要一點黑色的樹脂漆(或一枝黑色的麥克筆)、一把油漆刷和一部平台掃描器。

怎麼進行

step 1

首先，你需要製作一張遮色片。以這個例子來說，我將黑色樹脂漆大膽地塗在一張手工藝術紙上。先是垂直塗抹，接著，再以水平方向進行，確定可以塗得很均勻，同時呈現出好看但不規則的邊緣。

step 2

等到油漆完全乾了，再用高解析度掃描這張遮色片。這兒製作好的這張遮色片尺寸大約是20×16公分，使用A4(210×297mm)大小的平台掃描器進行掃描，輸出成解析度300dpi的圖檔，尺寸便可以達到40×32公分。在掃描前可以增加它的對比，以確定掃描出來的黑色是純黑色，基於相同的原因，色階也要調整。

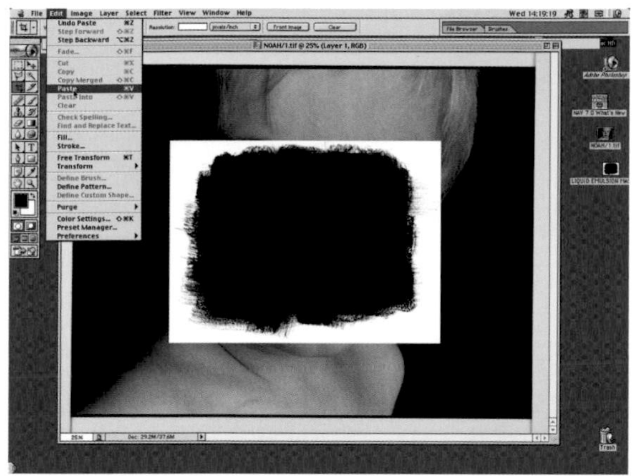

step3

現在，你必須把這兩張影像結合。打開Photoshop，選取＞全部(Select＞All)，然後前往編輯＞拷貝(Edit＞Copy)。接著，雙擊你想要拿來和遮色片結合的照片，前往選取＞全部，然後，編輯＞貼上(Edit＞Paste)。

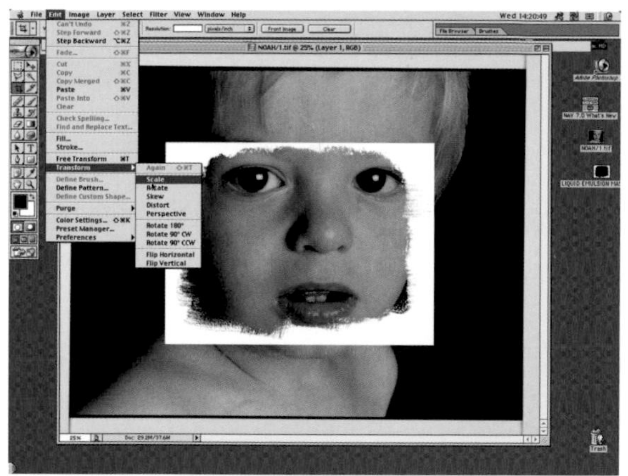

step5

這時照片已經可以透過遮色片看見，把這個階段存檔，然後選編輯＞變形＞縮放(Edit＞Transform＞Scale)，如此你就可以拉著遮色片的邊緣放大或縮小，以達成你想要的效果。

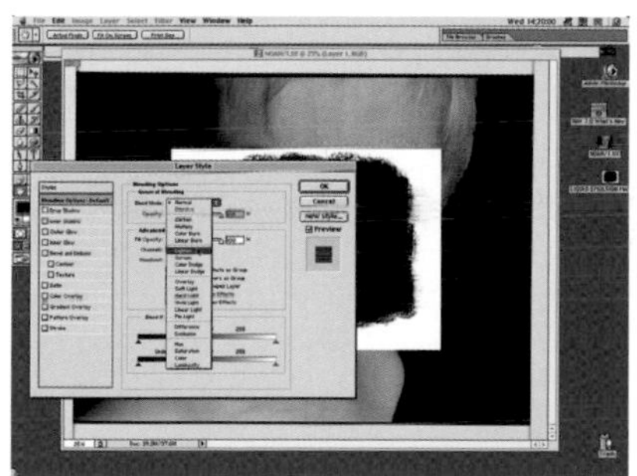

step4

遮色片這時已經覆蓋在照片上。想要讓照片從遮色片底下顯示出來，前往圖層＞圖層樣式＞混合選項＞變亮(Layer＞Layer Style＞Blending Options＞Lighten)。

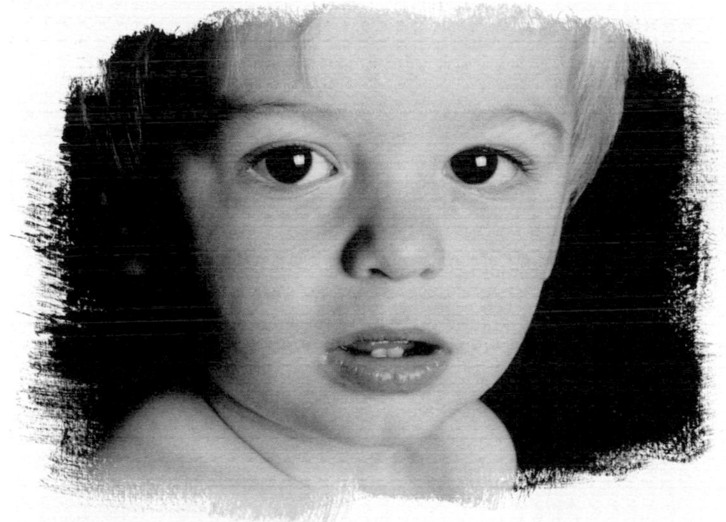

小男孩諾亞 (Noah)

這個方法可以在幾分鐘內就創作出看來很真實的感光乳膠效果。同樣的遮色片可以重複使用，但還是值得每次創作和掃描不同的遮色片，讓你可以變化各種效果。這個技術同時適合用在彩色和黑白照片。

相機：Nikon F90x／**鏡頭**：105mm Nikkor微距鏡頭／**軟片**：Ilford FP4 Plus

燈光：攝影棚單一閃光燈加柔光罩

L Lith Effects 高反差效果

高反差印相是很多藝術黑白攝影師常用的技術之一，這要歸功於它的多樣性，以及可能創作出來的多種效果。這種技術的基本理念，就是讓一張印相紙在放大機下曝光過度，然後用稀釋的高反差顯影液顯影，直到獲得需要的影像密度。這樣所產生的最後成果，就是一張很理想的藝術照：亮部粒子很細緻，陰影粒子則很粗糙，再加上迷人的影像色彩。

想要用這種技法創作出成功作品的機會不大，因為顯影一開始很慢，但接著就會突然加速而失去控制，你只有一或兩秒的時間把照片從顯影劑中抽出。不過，現在在數位暗房裡，已經可以模仿出這種高反差效果，就算在處理過程中出錯，也可以很輕易地加以修正。這在以前真實的高反差顯影過程中，是完全不可能的。

需要什麼

- 幾張精選的彩色或黑白影像。如果你使用彩色照片，先把它們轉成黑白(請參閱第30-37頁)，但要把它們存成RGB模式，而不是灰階模式，因為我們還需要用到這些影像的色彩資訊。

怎麼進行

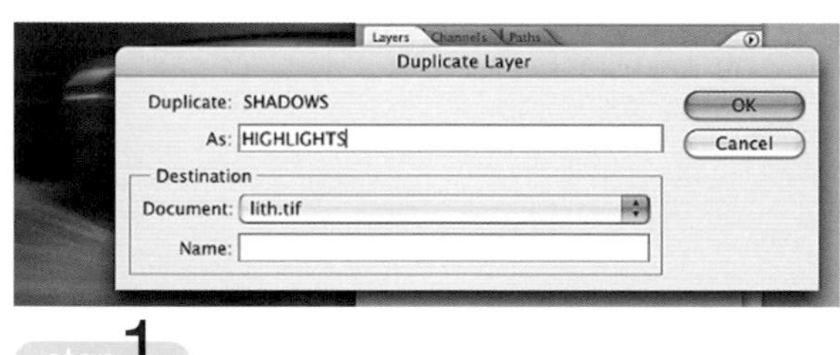

step 1

使用視窗的下拉選單，打開圖層面版。雙點擊背景圖層，替它重新命名為陰影圖層，接著複製這個圖層，命名為亮部圖層。

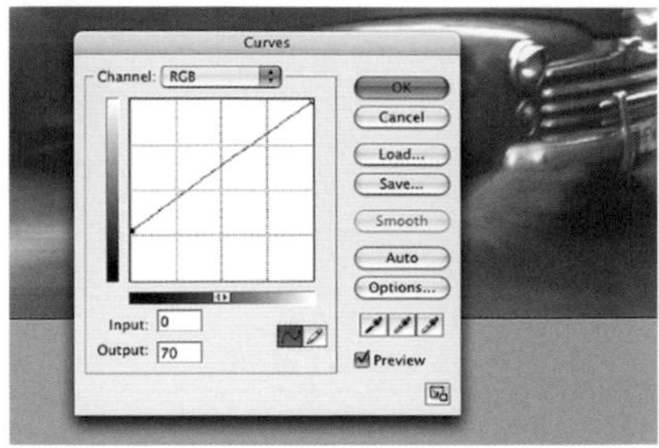

step 2

重新創作出很亮的亮部和中間調，這兩者是高反差影像的特點，選擇亮部圖層，然後前往影像>調整>曲線(Image>Adjustments>Curves)，並把左下角的標記向上拉。最佳的輸出度必須決定於原始影像的反差程度——在這兒，我設定的輸出度是70。

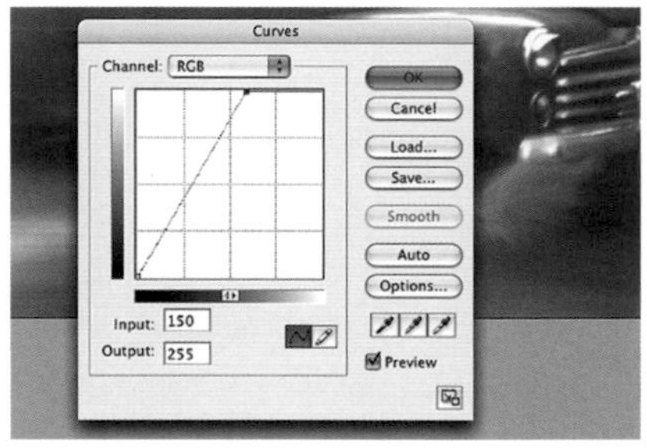

step 3

高反差影像一律有黑暗、濃密的陰影。想要模仿這種效果，選取陰影圖層，然後前往影像>調整>曲線，把右上角的標記向左拉。試試幾種不同的輸入度，但不要過度——在這兒，如果設定輸出度為100，應該就很不錯。

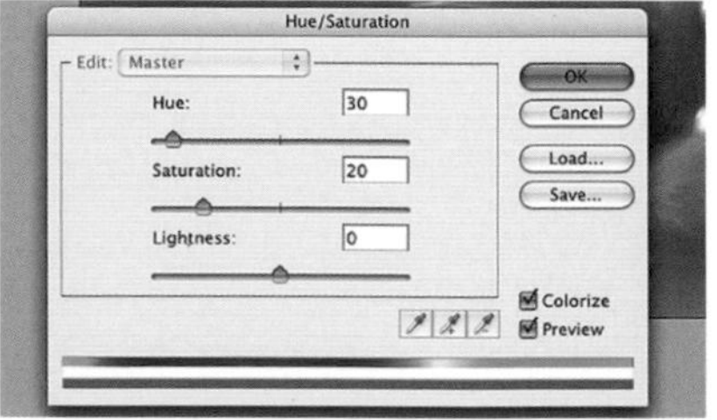

step 4

高反差照片的暗部粒子很粗。想要創作出這種效果，選取陰影圖層，然後前往濾鏡>藝術風>粒狀影像(Filter>Artistic>Film Grain)，嘗試各種不同程度的粒子。

step5

若你對這種粒狀效果滿意，接著選亮部圖層，前往影像＞調整＞色相/飽和度(Image＞Adjustments＞Hue/Saturation)，在亮部和中間調區加進一些顏色。點選編輯視窗，設定不同的色相和飽和度，直到滿意為止。高反差影像會呈現一種黃褐色，但有些相紙會呈現較多的暗桃紅色。

step6

選擇亮部圖層，在圖層面版裡把它的混合模式改為色彩增值(Multiply)。這樣會顯露出陰影裡的粒子，讓你預先知道最後呈現出來的影像會是什麼樣子。

哈瓦那，古巴

在對圖層進行影像平面化並且存檔後，我再調整一下色階，讓影像密度稍微暗一點。我也減少一點點的色彩飽和度。最後呈現的結果，很接近我預期的真實高反差影像——而且完全沒有浪費一張印相紙。

相機：Nikon F5
鏡頭：50mm
軟片：Fujichrome Velvia 100

M Merging Images 合併影像

想要把幾張影像合併成一張，一些影像編輯軟體——像是Adobe Photoshop——有好幾種方法可以達到這個目的，而隨著你的技巧愈來愈純熟，你將會想嘗試更具野心的計畫。但在尚未完全掌握Photoshop的技術之前，一開始最好還是找容易合併的影像來下手，如此才能夠合併得很完美，不會出現接縫。

以這個例子來說，我選了兩張照片，都是在同一時間拍攝，使用相同的道具、燈光，以及最重要的——相同的黑色天鵝絨背景。這些因素結合起來，終於能夠合併完成一張看不出接縫、畫面完美的作品。

事實上，當初我是個別拍攝這兩張照片，也沒想到日後會拿它們進行數位處理，同時也對每一張單獨的照片感到很滿意。但是，有一天，我把它們同時排在一個燈箱上，看著它們，突然想到，如果把這兩張照片合併，將可以創作出更為有趣的作品。於是，我打開電腦，著手進行。

需要什麼

■ 兩張或多張你認為合併後效果會更好的照片。如果你是影像處理的生手，就挑選兩張可以輕易合併的照片，或者去拍攝兩張新照片。黑白背景最為理想，因為這樣就不必擔心背景能否完美合併。

怎麼進行

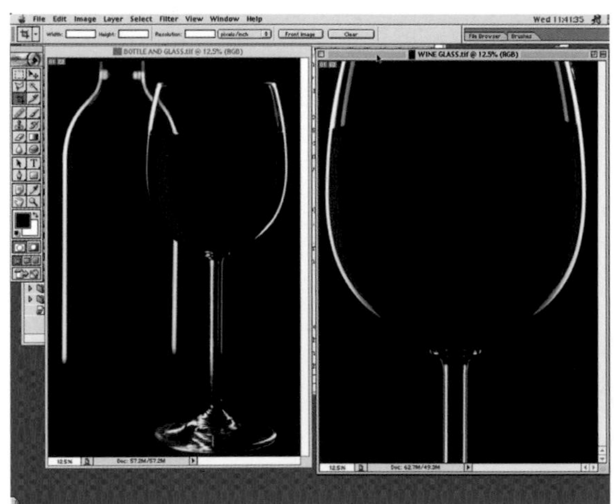

step 1

用高解析度掃描這些影像，確定掃描器的設定都一樣，如此，每一張照片會有相同的密度和對比，待會兒合併時會更容易。最好也掃描出相同尺寸，但並不一定非要如此。

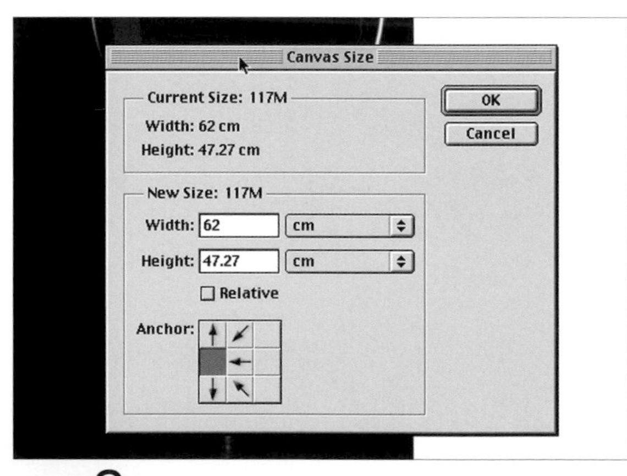

step 2

在Photoshop裡打開第一張影像，然後選擇影像＞版面尺寸(Image＞Canvas Size)。使用對話框裡的控制框來增加畫面尺寸，讓它有足夠空間容納你想要合併的那幾張影像。以這個例子來說，我只打算增加一張直立的影像，所以我把版面寬度增加到62公分，正好是第一張影像寬度的兩倍。你還必須選擇正確的錨點，才能讓第一張影像擺在正確的位置上。以這個例子來說，我選擇中間偏左的錨點，如此能讓瓶子和玻璃杯的影像留在版面左邊。

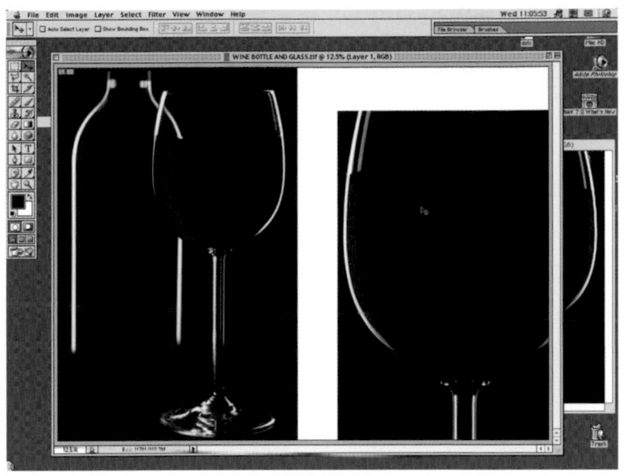

step3

接著，打開第二張準備放進圖中的影像，使用Photoshop的移動工具(Move tool)，把第二張影像拖到擴大的版面上，小心移動位置，將它放在第一張影像旁邊。因為這個例子的兩張影像背景都是黑色，所以，在合併時並不需要特別小心，我只是把第二張影像拉到我想要的位置上。

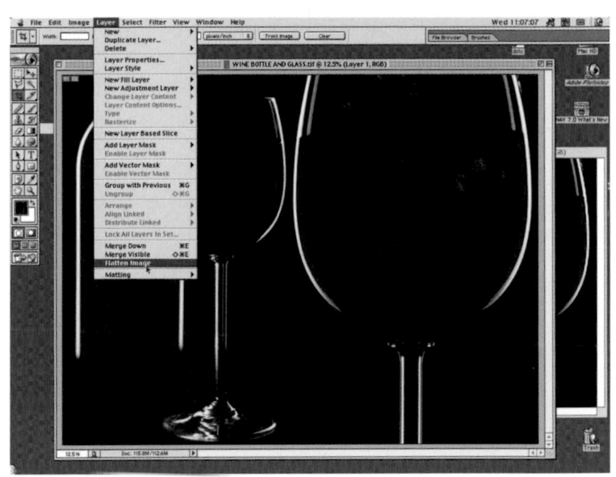

step4

一旦對最後的構圖感到滿意了，選擇圖層＞影像平面化(Layer＞Flatten Image)，然後存檔。以這個例子來說，我想讓顏色更強烈一點，所以我選影像＞調整＞色相/飽和度(Image＞Adjustments＞Hue/Saturation)，把飽和度增加10%。

酒瓶與酒杯

最後的成果看來很完整，整體感覺也不錯。如果只是把兩張單獨的影像放在一起，效果看起來也不錯，但在合併成一張後，感覺更不一樣，因為這張合併影像所呈現的空間層次感，不是一次曝光所能完成的。這也顯示，只是使用Photoshop的一些簡單技術，就可以替原有的舊照片注入新的生命力──所以，不妨翻翻你的舊照片，看看能不能挖出什麼寶來。

相機：Nikon F90x
鏡頭：105mm微距鏡頭
燈光：攝影棚閃燈和柔光罩
軟片：Fujichrome Velvia 50

M Mirror Images 鏡像影像

可還記得小時候，在畫紙的一半畫上一幅圖畫，然後，趁顏料未乾之前，把畫紙對摺，用力壓，如此一來，就可以在空白的另一半畫紙上完成跟你這幅圖畫完全一樣的鏡像畫？

即使這樣完成的最後作品看來總像是一隻變種蝴蝶，但它卻給了我靈感，在我後來開始從事攝影後，不斷誘使我去進行這種對稱影像的實驗。

我往往花上好幾個小時先把軟片正確沖印出來，接著再把軟片反轉沖印，印出反轉的影像，然後把每一張照片的一半剪下來，接著，將它們併排在一起，形成一幅超現實構圖的影像。

現在，這種影像已經可以用數位技術來完成，而且花不了幾分鐘時間，但還是值得一試，因為它能替你開啓一個全新的創意世界。

需要什麼

- 幾張精選的黑白或彩色照片。人像最理想，但你也可以嘗試任何題材，只要照片中的主體左右對稱即可。

怎麼進行

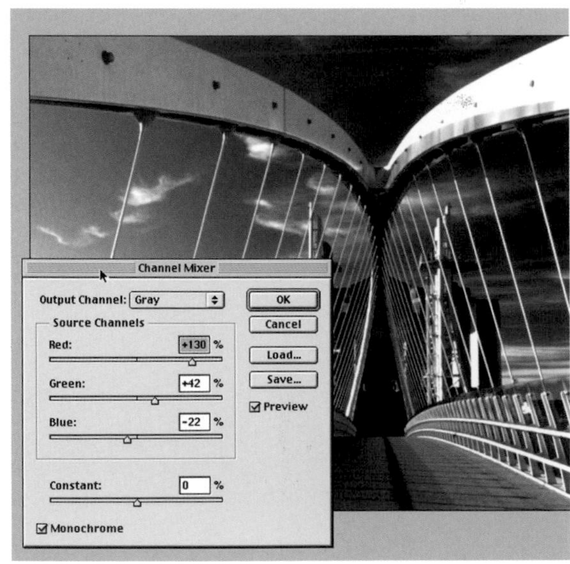

step 1

選擇影像>調整>色版混合器(Image>Adjustments>Channel Mixer)，在色版混合器裡將原始彩色照片轉成黑白照片，並且在色版混合器對話框裡勾選單色視窗。我移動各個調整滑桿，直到對呈現出來的影像感到滿意為止。我本來可以用彩色照片來處理，但最後還是覺得黑白照片的圖畫效果較佳。

step 2

裁剪畫面，只保留畫面中光線較佳的右半部影像。

step 3

我先使用選取>全部(Select>All)，接著是編輯>拷貝(Edit>Copy)，把影像拷貝下來。接著，將影像反轉——影像>旋轉版面>水平翻轉版面(Image>Rotate Canvas>Flip Horizontal)——並且增加版面尺寸，讓它幾乎是影像寬度的兩倍，但高度一樣。我也點選左邊的錨點，讓版面從影像的右邊向左擴大。

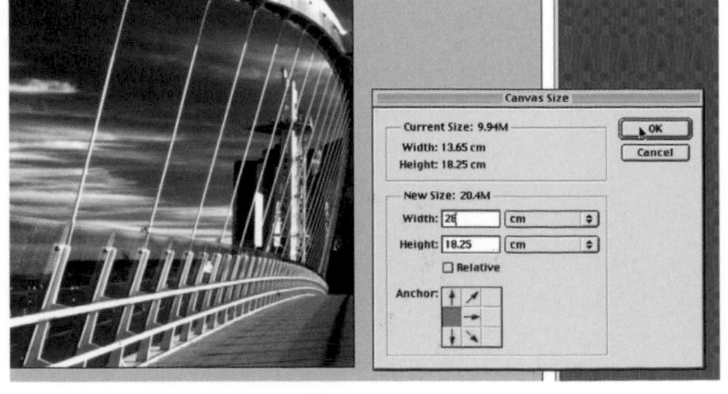

step 4

使用編輯>貼上(Edit>Paste)，拷貝下來的那一半影像就會被貼進版面裡。接著使用移動工具(Move tool)，小心地把它拉到正確位置，和另一半影像合併。固定好位置，把版面適當裁剪之後，進行影像平面化，存檔。

薩福特碼頭，曼徹斯特，英國
(Salford Quays, Manchester, England)

我一開始就被這座人行吊橋的對稱設計深深吸引。不過，當時太陽已經落在橋的一邊，因此光線不均勻，原有的對稱效果遭到破壞。為了彌補這一點，我決定把光線明亮的那一半影像裁剪下來，拷貝，水平翻轉，再把兩半影像合併。

相機：Nikon F90X / **鏡頭**：28mm / **濾鏡**：偏光鏡
軟片：Fujichrome Velvia 50

M Movement 動態照片

動態照片一直不是我擅長的題材。我沒有可以精確捕捉動態畫面的攝影裝備。雖然，我偶而也拍攝動態畫面的照片，但我知道自己在這方面拍得並不好。

動態照片需要很高深的技巧，那些能夠拍出精彩動態照片的攝影人，通常都經過很多年的訓練和練習。我曾經陪著專業汽車攝影師出任務替雜誌拍攝照片，看著他們工作。很高興看到他們如何掌握拍攝時機，精準地拍下他們想要的畫面。他們完全不會出錯，憑著本能就知道何時應該按下快門，即使他們拍攝的主體在一眨眼間就從眼前呼嘯而過。

不過，要感謝Photoshop，我們現在全都變成動態攝影高手。只要利用幾個簡單的模糊濾鏡功能，就可以把原本靜止的主體變得好像正以超音速急馳而過。

需要什麼

- 主體靜止、但可以用來變成動態影像的照片，像是人物、動物、汽車、船隻都可以。已經有一些動感，但需要再加強動態的照片，效果會更好。

怎麼進行

方法1 使用動態和放射狀模糊濾鏡

為了展現動態和放射狀模糊濾鏡的效果，我使用它們來把汽車靜態的照片變得好像正在快速行駛中。

step 1

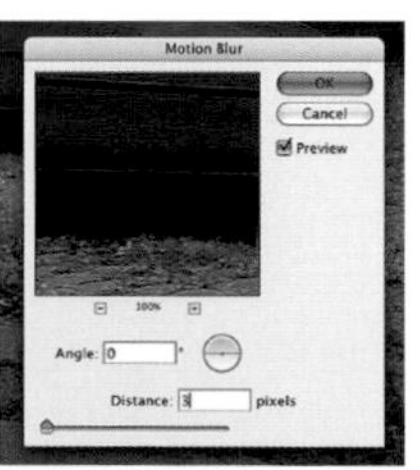

如果這輛汽車正在行駛中，那麼它應該只有很小的模糊度，所以，我首先把整張照片套用低度的動態模糊。想要這樣做，前往濾鏡＞模糊＞動態模糊(Filter＞Blur＞Motion Blur)。在彈出來的對話框裡，有兩個主要控制選項──角度(Angle)和間距(Distance)。間距決定模糊的數量。我在這兒輸入3，因為我只需要用微小的模糊度來除去汽車邊緣的銳利度。

step 2

想要達到真實感的動態效果，需要讓汽車維持不變，所以我使用套索工具(Lasso tool)把它選取起來，設定羽化程度為5畫素，讓它有非常平滑的邊緣。我把輪子和車身全部選取起來，然後使用選取＞反轉(Select＞Inverse)，將選取區轉換過來，讓濾鏡效果只套用在除了汽車以外的整個畫面。

step 3

接著，我再增加一點模糊度。前往濾鏡＞模糊＞動態模糊，將間距滑桿向右移動，看看預視畫面會出現什麼變化。滑桿愈往右移動，模糊度愈大──最後，我把它移動到66。我也把角度設定在4。這會使得模糊角度偏向右邊，正好是汽車移動的方向。

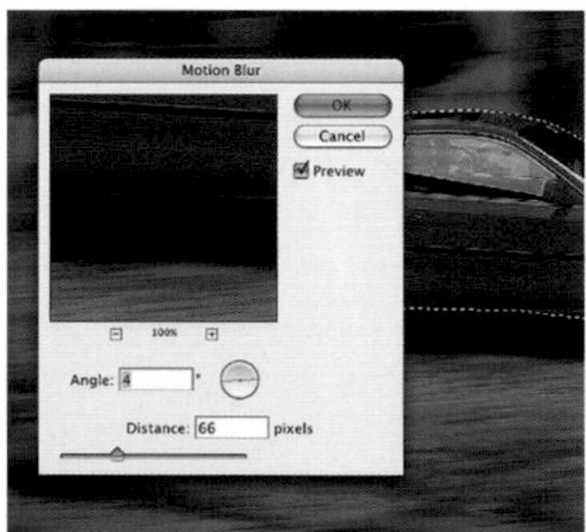

step 4

我想在影像的上方和下方增加更多的模糊，於是我使用矩形選取畫面工具(Marquee tool)選取汽車上方的區域，然後套用動態模糊，間距設為28畫素。對於影像下方區域也做同樣處理。這可以製作出足夠的背景模糊。

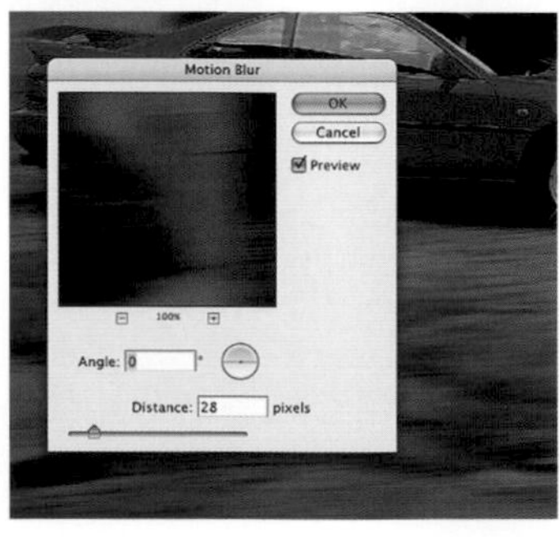

step 5

車輪影像看來很銳利，但在真實的動態畫面裡，它們應該呈現出圓形的動態模糊，因為它們正在高速轉動中。為了想要模仿出這種效果，我對著前後輪做出大概的選取。然後前往濾鏡＞模糊＞放射狀模糊(Filter＞Blur＞Radial Blur)，在模糊方式點選迴轉(Spin)，把品質設為最佳(Best)，把總量(Amount)滑桿向右移動，直到我對車輪的模糊效果感到滿意為止。

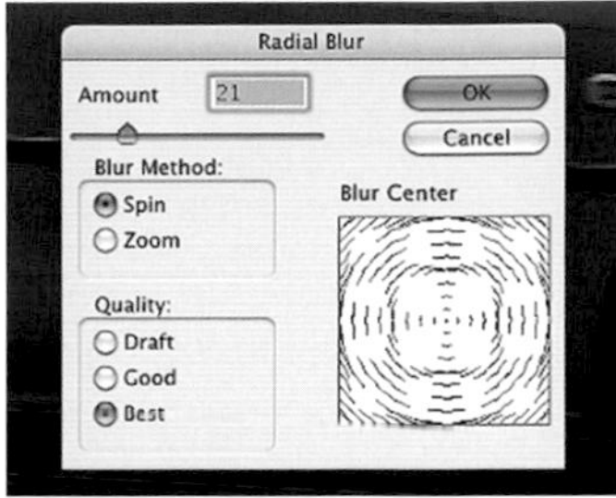

step 6

接著，再對後輪做出同樣的處理。由於我在放射狀模糊裡使用與之前相同的設定，所以不需再開啓濾鏡的對話框，只要前往濾鏡，濾鏡下拉選單的第一項就是上次使用過的濾鏡(放射狀模糊)。只要點一下放射狀模糊，就會自動把相同的模糊效果套用在後輪上。

Toyota MR2，約克郡，英國

一旦對畫面的模糊度滿意了，接著就改變汽車的角度，讓它看來更有衝力，我使用影像＞旋轉版面＞任意(Image＞Rotate Canvas＞Arbitrary)，設定反時鐘方向調整。我還想到，如果這輛車子真的在行進中，車上一定要有一位駕駛人，但從畫面中可以明顯看出，方向盤後面並沒有人，所以我決定掩飾這項缺失。我使用套索工具選取車窗區域，並且調整色階，把它們變暗。我同時去拷貝了汽車駕駛座的頭枕影像，然後貼上，讓車內真的好像有人。

相機：Pentax 67 / **鏡頭**：165mm / **軟片**：Fujichrome Velvia 50

方法2 放射狀模糊

我將放射狀模糊套用在紅色跑車的影像上，讓車輪看起來好像是在旋轉，這樣的效果相當不錯。我接著去尋找適合在大範圍內套用這種效果的一張照片。你也必須去小心找出這樣的照片，可以套用Photoshop中的這種濾鏡效果，如果選到不適合的照片，效果看來將會很不自然。

我很快找到一張合適的照片，內容是在尚吉巴的海灘上，一位年輕男子正在倒立。尚吉巴似乎很流行即興街舞，到處都可以看到年輕人在做單手單腳的大迴轉，或是翻筋斗。我請這位年輕體操選手表演單手大迴轉的動作讓我拍攝，但他只會倒立。沒有關係，放射狀模糊功能應該可以解決這個問題。

step1

開啟影像，拷貝。我使用套索工具在男孩身上做個大略的選取，羽化設為50畫素。如果選取得太過精準，看起來會有點怪，所以，我先確定男孩的部分手和腳並不在選取區內，讓它們也會受到濾鏡的影響。

step2

反轉選取區，我使用選取＞反轉。這使得除了選取區(男孩身體)以外的區域都會受到濾鏡功能影響。

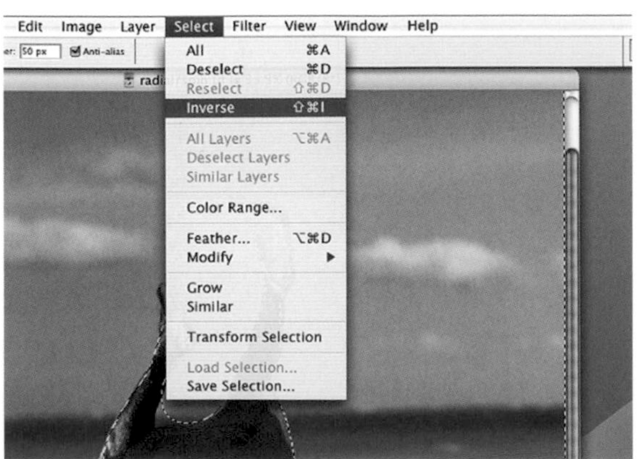

step3

前往濾鏡＞模糊＞放射狀模糊(Filter＞Blur＞Radial Blur)，這時會出現對話框，我點選旋轉的方式和最佳品質，並把總量滑桿移向右邊，直到我對模糊程度感到滿意為止。想要看看，若你選擇縮放(Zoom)的模糊方式而不是旋轉方式，會出現什麼效果，請參閱第154-155頁。

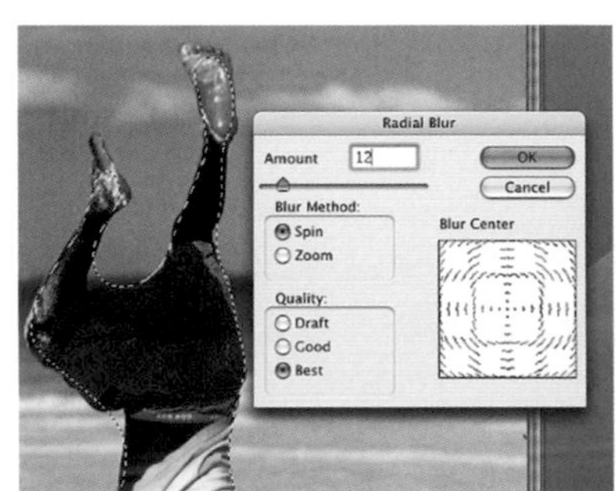

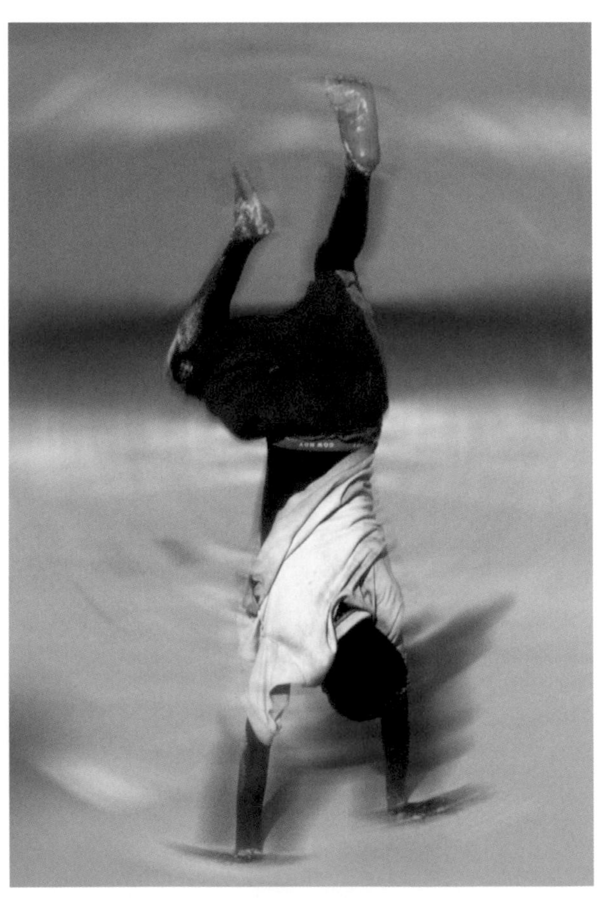

體操高手，賈比亞尼，尚吉巴 (Gymnast, Jambiani, Zanzibar)
只要幾秒時間，就可以讓原始照片改變，讓它產生真實的動感。注意，男孩的手腳四周都有點模糊，看來好像是它們正在轉動，而攝影者則用慢速快門而不是安全快門拍攝。
相機：Nikon F5／**鏡頭**：50mm／**軟片**：Fujichrome Velvia 50

哈瓦那，古巴

汽車攝影師經常會坐在由別人駕駛、正在行進中的汽車裡向外拍攝，被拍攝的汽車則緊跟在他們後面，速度相同。這就是所謂的「追蹤」攝影，可以讓攝影師拍下對焦正確的清晰汽車影像，但背景則很模糊。我在這兒模仿這種效果，使用的是一輛完全靜止的汽車照片。從低角度以廣角鏡頭拍攝，為這張原始照片帶來很大的衝擊力，但在加進一些模糊效果後，就會變得好像正以高速在街上疾馳。為了達到這種效果，我替整個影像加進少量(5.0)的放射狀模糊。我接著用矩形選取畫面工具選取汽車的前面，反轉選取區，然後把更多模糊加進背景裡。最後，我只選取汽車前面的中間部分，反轉選取區，將模糊加進影像的其他部分。這表示，汽車前面中間部分──就是最靠近相機的部分──完全不模糊，但離相機愈遠則愈模糊。

相機：Nikon F5 / **鏡頭**：20mm / **軟片**：Fujichrome Velvia 50

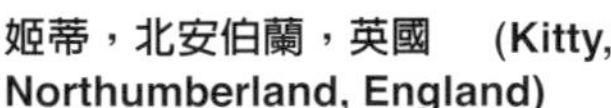

姬蒂，北安伯蘭，英國 (Kitty, Northumberland, England)

我女兒姬蒂坐在滑板上，正要滑下我家附近的沙丘，我即時替她拍了這張照片。在拍下這個畫面的那一瞬間，她並沒有移動，但我用套索工具在她身上選取，然後反轉選取區，再套用動態模糊，使得這張照片看來好像她正全速向下滑！為了讓效果看來更為真實，我調整了動態模糊的角度，讓它配合沙丘的走向。

相機：Nikon Coolpix 4300消費型數位相機，內建變焦鏡頭

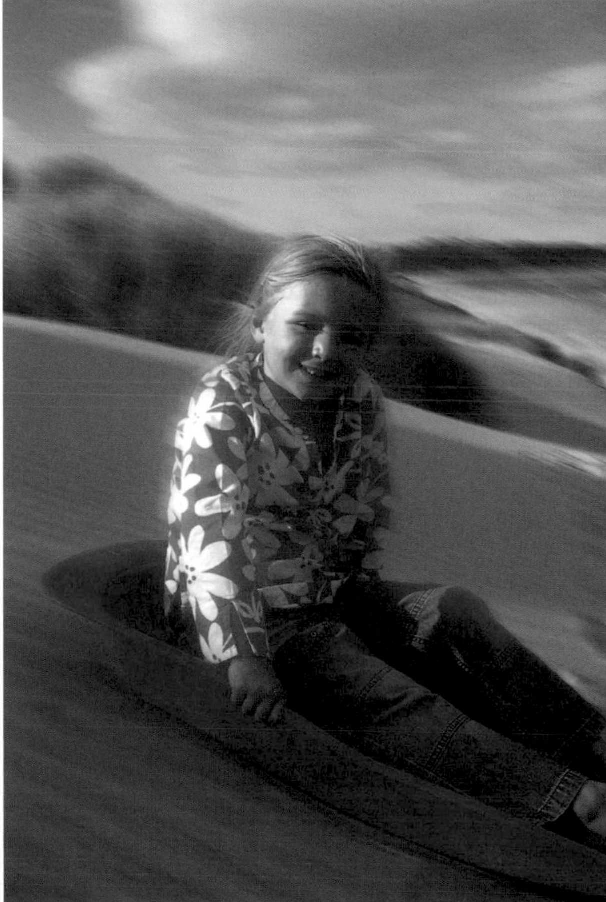

Old Processes
老式顯像法

正當數位革命以勢如破竹的聲勢襲捲而來時，卻有愈來愈多的傳統攝影人埋首於舊日的攝影書籍，並且使用一個多世紀前的舊式沖印方法，來創作出驚人的藝術照片。

在了解這個背景之後，當初我計畫撰寫本書時，一開始就打算在書中加進這麼一章，專門介紹如何把舊的和新的技術結合起來，利用噴墨印表機創作出大型相機的軟片格式，然後使用它們作為舊式沖印技術的基礎。接著，我又想到，閱讀本書的讀者，應該不會是想要去混合多種奇怪的沖洗藥水、然後去創作出原始攝影風格的那一型攝影師。因此，我決定改而介紹，如何用數位方法來模仿出舊式沖印的特色。

以下我就來介紹藍曬法和膠印法。

需要什麼

■ 精心挑選幾張彩色或黑白照片。如果你想把影像輸出成照片，就要使用一些有紋理的噴墨相紙。你也可以試試未上膠的藝術紙和手工紙。

怎麼進行

方法1 藍曬法

英國天文學家和科學家約翰．赫斯奇爵士(Sir John Herschel)在1842年發明藍曬法，用的是檸檬酸鐵銨(ammonium ferric citrate)和鐵氧化鉀(potassium ferricyanide)。把這兩種化學物加水混合，用來塗在紙上，接著把軟片裝進印曬相玻璃夾，在陽光下曝光。這是很簡單的顯像法，有些藝術攝影師現在還使用這種顯像法——但如果用Photoshop來處理，反而更容易。

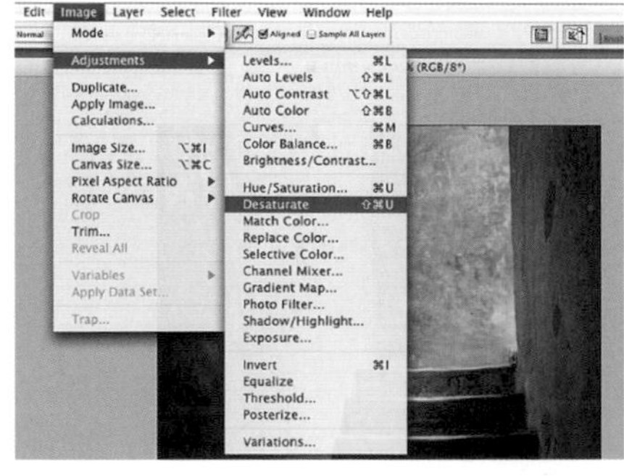

step1

以這個例子來說，我先使用影像>調整>去除飽和度(Image>Adjustments>Desaturate)，把一張彩色影像轉成黑白，接著使用第14-15頁介紹的方法，替它加上一個黑粗框。真正的藍曬法，使用的是用手工塗上感光乳膠的紙張，你也可以使用第100-101頁所介紹的感光乳膠效果。

step2

藍曬法有兩個重要特色。第一，它們有很豐富的藍色——所以才會被冠上這樣的名稱。第二，大部分例子的對比都很低，因此會呈現出一種柔和、壓抑的感覺。我覺得我的影像已經含有後者這種品質，但還需要再加進藍色色調。

step3

想要創作出這種藍色調，前往影像>調整>曲線(Image>Adjustments>Curves)，選擇紅色色版。點擊曲線本身，接著在輸入框裡填入100左右的數字，在輸出框裡填入40左右的數字。然後再點一下曲線，在輸入框裡填入約190的數字，輸出框填入195左右的數字。這時呈現出來的藍色調幾乎已經可以了。

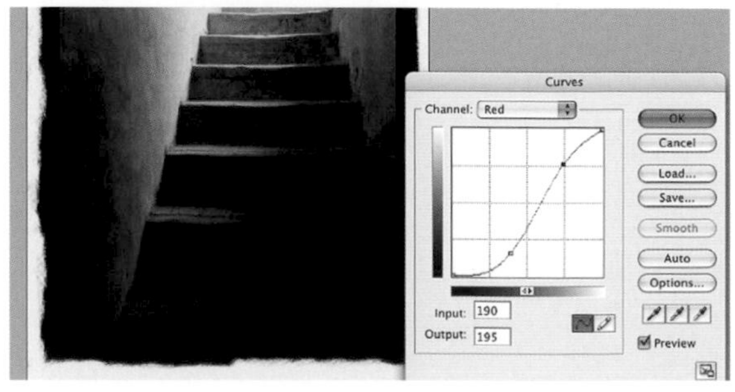

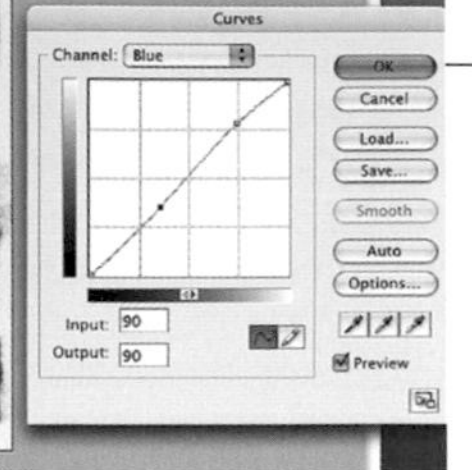

step4

繼續在曲線裡選藍色色版，點曲線。在輸入框裡填入190左右的數字，在輸出框裡填入200的數字。再點相同的曲線，在輸入和輸出框裡同時填入90的數字。你不會看到出現重大變化，但中間調會變得更藍，亮部則會呈現乳脂狀。

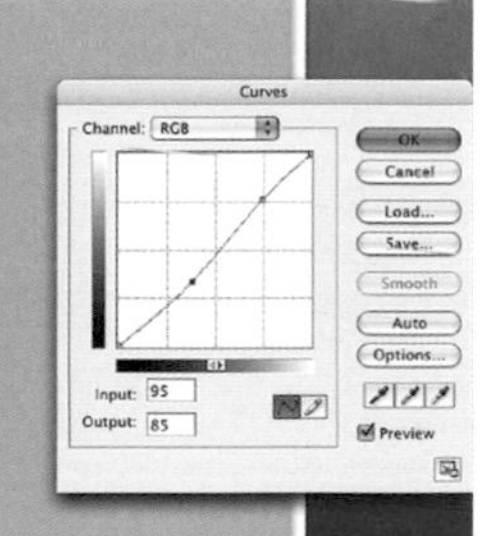

step5

接下來選綠色色版，點曲線，在輸入框裡填入190的數字，在輸出框裡填入195的數字，然後再點曲線，在輸入框裡填入95的數字，在輸出框裡填入85的數字。這應該已經是你最後的色調，而且也應該是你想要的，但如果你還不滿意，隨時都可以使用影像＞調整＞色相/飽和度(Image＞Adjestments＞Hue/Saturation)來調整。

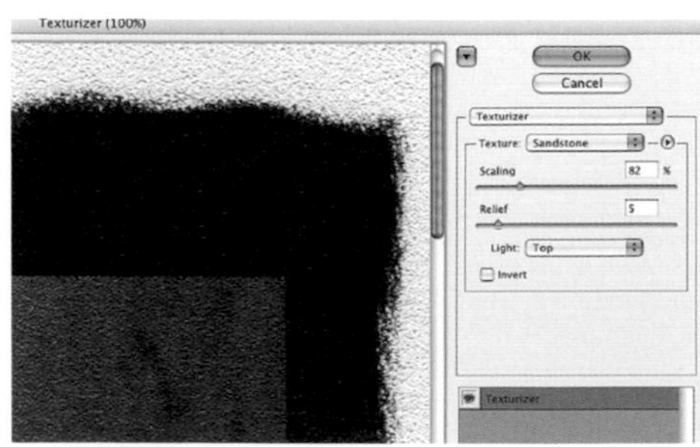

step6

藍曬法通常使用在表面紋理處理的藝術紙上。因此，我們在這兒最後呈現出來的影像，應該要加進一些紋理效果。我在這兒使用濾鏡＞紋理＞紋理化(Fillter＞Texture＞Texturizer)，選擇砂岩作為我要的紋理，縮放比(Scaling)選項則選82%，浮雕(Relief)則選5。

阿里本約瑟夫宮樓梯，馬拉喀什，摩洛哥 (Stairs in the Ben Youseff Medersa, Marrakech, Morocco)

這是偶然拍到的照片，在很暗的光線中，我把相機貼在門口，快門I/2秒，光圈f/2.8。我並不確定拍出來的影像是否清晰，但我很喜歡樓梯的光線，由於王宮內不可使用三腳架，我別無選擇，只好手持拍攝。原來的色彩本來就已經相當不錯，但加工處理出來的假氰藍影像(下圖)，更有圖像效果，而且確實讓這張影像再度恢復生氣。

相機：Nikon F90x

鏡頭：28mm

軟片：Fujichrome Velvia 100F

方法2 膠印法

傳統的膠印法比藍曬法更容易。以這個印相法來說，只有將一種化學藥水──重鉻酸鉀(potassium dichromate)──溶於水中。接著再把少量的這種溶液加進水彩與膠的混合液中，然後用來塗抹手工紙。跟大部分老式顯像法一樣，這時再把一張軟片和上過膠的相紙接觸，在日光或紫外線下曝光。

step 1

把原始彩色照片去除飽和度，然後加進一個黑粗框。作法是把版面尺寸的四周都增加1公分，把黑色當作版面延伸色彩。

step 2

在筆刷下拉選單中，從乾性媒體筆刷(Dry Media Brush)選項中再選取Pastel Medium Tip筆刷，以及使用仿製印章工具(Clone Stamp tool)，將黑粗框內部邊緣變柔軟（請參閱第14-15頁）。

step 3

使用曲線(Curves)替影像加進深褐色色調（請參閱第148-149頁），接著再進行紋理化，使用濾鏡＞紋理＞紋理化，讓它看起來好像是印在手工紙上。

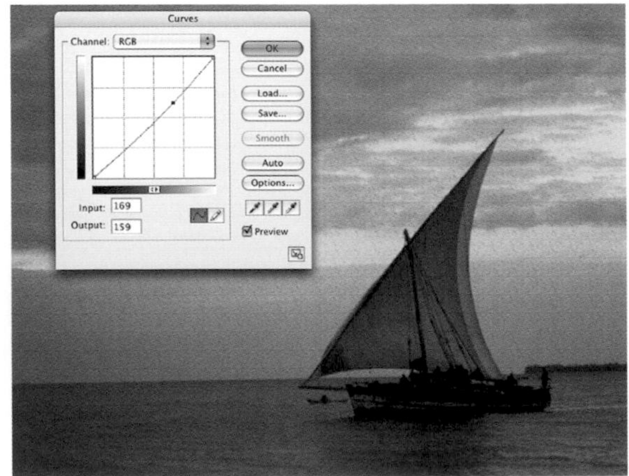

step 4

最後，調整色階和曲線，讓影像看起更平板，並且模仿出相當粗糙、手工上膠紙的效果。

單桅三角帆船，史東鎮外海，尚吉巴 (A Dhow off Stone Town, Zanzibar)

這是我第一次嘗試用數位方法創作出膠印作品！這張影像中的主體非常適合這種方法— 阿拉伯單桅三角帆船已經在大海裡航行了好幾個世紀。

相機：Nikon F5

鏡頭：80-200mm

軟片：Fujichrome Velvia 50

魚叉手，布維祖，尚吉巴 (Spear Fisherman, Bweju, Zanzibar)

這張影像的效果很好。低反差與參差不齊的粗框，呈現出類似手工上膠紙的真實印象。在色相/飽和度視窗中點選上色(Colorize)框，加進這種色調，再用與單桅三角帆船相同的方法加進紋理效果。

相機：Nikon F9

鏡頭：50mm

軟片：Fujichrome Velvia 100F

P Panoramas 全景影像

全景攝影在近幾年來大為流行。這有一部分要感謝哈蘇(Hasselblad)推出的XPan相機，這是一種雙型式相機，可以在35mm軟片上拍攝24x36mm和24x65mm兩種影像。同時也要感謝多種軟體的問世，讓我們可以把多張數位影像縫合，而創造出全景影像。

我從事全景攝影將近10年，都是使用XPan相機和更大的富士GX617系統來創作全景影像。我甚至在2004年寫了一本這方面的書(李．佛洛司特的全景攝影《*Lee Frost's Panoramic Photography*》，David & Charles出版社)。

創作數位全景影像比使用全景相機更方便得多，因為你可以變化畫面角度，如果你使用的是數位單眼相機(DSLR)，還可以使用更廣的鏡頭。把影像結合的工作也比較單純，這都要感謝最新推出的一些軟體，只要稍加練習，你很快就可以創作出令人屏息欣賞的偉大作品。

需要什麼

■ 幾張準備用數位方法來縫合的照片，以及可以讓你這樣做的軟體（請參考以下介紹）。

全景影像的設備以及如何使用

最理想的情況是使用數位相機拍攝，如此你就可以直接將拍好的影像傳輸到電腦裡。也可以用軟片相機拍攝，再掃描拍好的負片或幻燈片。大部分沖印店都有提供這種服務，除了把軟片沖印出來，也可以把所有影像掃描後燒錄進光碟，這可以省去自己掃描的麻煩。你選擇哪種方式，將是影響創作作品能否成功的關鍵。在曝光程度和色彩平衡上，所有的影像都應該彼此盡量十分接近，否則你將會看到接縫的痕跡。以下幾點提示，可以幫助你創作出成功的全景影像：

- 避免使用超廣鏡頭，因為可能很難掩飾它們產生的變形效果。用28mm以上鏡頭拍攝出來的影像，比較好縫合。
- 拍攝時，把相機設定在手動曝光模式，或是啟動曝光鎖定(如果有這種功能)，如此一來，所有影像的曝光才會一樣。
- 如果畫面中的光線變化很大，對著畫面中最亮和最暗部分之間的中間測光，然後在接下來的拍攝中都使用相同的曝光值，以確保曝光的一致性。
- 每張影像最好都跟上一張重疊20%到40%，這樣將有助於縫合。如果沒有足夠的重疊，軟體必須花很多時間才能縫合成功。但也不要重疊太多，超過50%可能就會造成縫合問題。
- 開始拍攝之前，快速地思考一下，決定要拍進多少場景，以及從哪兒開始拍攝第一張。如果你想要的是360度的全景畫面，後一項因素更是特別重要。

數位全景攝影最重要的要素，也許就是一定要確定相機保持完全水平。如果你手持相機拍攝想要縫合的一組照片，想要讓相機在整組照片中都維持水平的機會是微乎其微，所以，最好還是把相機架在三腳架上。

架設三腳架時，使用腳架上的水平儀來調整。但是，不要完全按照雲台上的水平儀指示，因為這只是告訴你，雲台是水平的，但三腳架本身則不一定呈水平，在你開始拍攝並且水平轉動相機時，就會發現這一點。如果你的三腳架並沒有內建水平儀，還有個方法：把雲台拆下來，把水平儀放在三腳架上的某個平坦表面上，再把雲台裝回去，並把雲台調整在水平位置。這可能要花上一點時間才能調整妥當，但值得這麼做。另外一個選擇是購買雲台水平接座供你的三腳架使用，這種水平接座採用球窩滾動軸承設計，並附有一個牛眼氣泡水平儀，即使腳架是架在不平的地面上，也可以確保相機保持水平。這類最好的產品包括Manfrotto的554雲台水平接座及Gitzo 1321雲台水平接座。

不過，這些水平附件並不能消除這個事實：你在轉動相機拍攝下一張影像時，因為視差的關係，並不會和上一張影像保持在一條直線上。之所以會發生這種情況，是因為相機是按照你身體以下的一個點來轉動，而如果你想獲得完美的直線，必須讓相機按照鏡頭下的一個點來轉動，這個點就叫「視軸」(nodal point)。但這並非絕對重要，因為影像縫合軟體善於自動調整每一張影像，而創造出完全沒有接縫的縫合。但如果你真的很重視縫合影像，也許可以考慮投資購買一個特製的視軸接座，像是Novoflex公司生產的VR-System，或是Manfrotto公司製造的QTVR Plus。

這兩張圖說明，為何使用鏡頭的視軸來作為相機的轉軸點，就可以避免發生視差，以及為何使用三腳架軸來轉動相機會造成視差。

怎麼進行

方法1 使用Photoshop的Photomerge

在用數位方法縫合第一個例子時，我採取比較簡單的方法，就是使用Photoshop CS2的Photomerge(照片合併)功能。我說比較簡單，這是因為，如果你拍攝來縫合的那一組照片很正確，你只需按一下滑鼠，Photomerge就可以把這些影像合併，產生令人驚嘆的全景影像。但是，為了測試Photomerge的能力，我故意完全不遵照前頁的提示，不使用三腳架，而是手持相機來拍攝 組的系列照片。我也將相機設定在光圈先決模式，而不是手動模式，所以，我每一次變換相機位置，曝光也會跟著改變。我用彩色軟片拍攝，再把洗出來的6×4吋照片拿來掃描，然後將它們傳輸到電腦裡。過程似乎既麻煩又不正確，但我們可以來看看會產生什麼樣的結果。

step1

使用平台掃描器把所有照片掃描成相同尺寸和解析度，把掃描好的數位檔放在桌面的一個資料夾裡。

step2

打開Photomerge—檔案＞自動＞Photomerge(File＞Automatemate＞Photomerge)——在對話框裡先選擇使用資料夾(Folder)，再點瀏覽(Browse)。

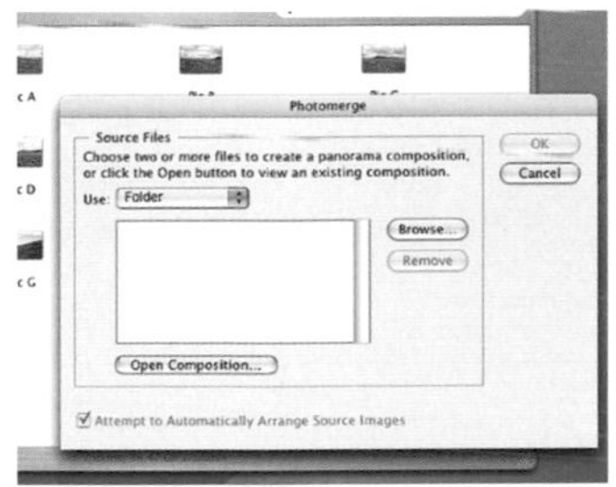

step3

這時會出現第二個對話框，讓你選擇Photomerge要使用的資料夾。點一下選好的資料夾，再按下確定。

step4

選定的資料夾裡的影像檔會全部輸進Photomerge。按下確定，電腦就會開始工作。

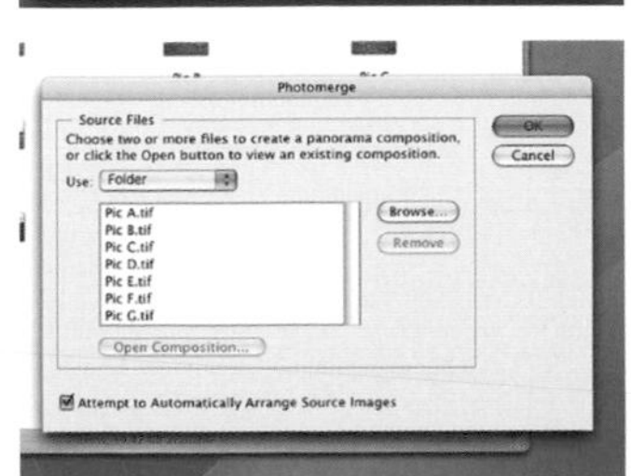

step5

首先，資料夾中的影像會一次開啓一張，接著，Photomerge就會開始縫合這些影像，你可以看著整個過程的進行。如果出現任何問題，就會彈出一個警示窗告訴你，不是所有的影像都能縫合——這通常是因為各張影像之間不一致的關係。

step6

經常會碰到影像之間不均衡重疊的情況。只要在拍攝前把相機架設在三腳架上，並調整到正確的水平位置，就可以使這個問題減到最低。但如果你是手持相機拍攝，每一次改變位置拍攝下一張照片時，就無法保持相機在相同的水平位置上。不過，最後處理完成的全景影像邊緣可以裁剪，所以這個問題並不嚴重。

影像縫合軟體

目前市面上有很多專門用來創造出全景影像的軟體——PhotoVista、Picture Publisher、PanaVue Image Assembler和RealViz Stitcher，都是比較常見的。如果你購買數位相機，可能會附送某種縫合軟體。Photoshop Elements和CS內建的Photomerge功能，和市面上縫合軟體的功能完全一樣。如果沒有這些，你還是可以使用Photoshop來合併影像。

step7

如果Photomerge無法自動結合所有影像，你還可以選擇手動將它們拉進視窗裡。我在這兒必須這樣做，因為我的一張影像明顯比下一張暗得多，是由於我在拍攝這張影像時採用光圈先決模式的緣故。如果你在拍攝之前就做了正確的設定，拍攝出來的照片一開始就會很正確，而不會發生這個問題。但即使真的出現這個問題，還是可以解決。

step8

為了讓這些影像合併得更成功，我使用套索工具(Lasso tool)在較暗的區域進行選取，然後打開色階，稍微調亮。我接著做更進一步的小區域選取，再使用影像＞調整＞色彩平衡(Image＞Adjustments＞Color Balance)調整色彩平衡，如此一來，特別是綠色區域就可以彼此更為相似。

step9

即使影像合併好了，在畫面的某些區域，還是可以看到明顯的接縫，像是這兒的天空明顯出現一道灰線。想要除去這道接縫，可以使用仿製印章工具(Clone Stamp tool)，選擇柔邊筆刷。

從塔蘭塞島眺望哈里斯島，蘇格蘭 (Harris From Taransay, Scotland)

組成這張全景影像的一系列照片，是我們全家在蘇格蘭一個偏遠、無人居住、名為塔蘭塞的小島度假時所拍攝。某天下午，我和兒子在距我們住宿地點不遠的一個小山丘散步，看到對面的哈里斯島和路易斯島的景色十分壯麗。在沒有事先計畫的情況下，我匆匆拍了七張照片，全都是手持相機，前一張和下一張的景色大約重疊30%，涵蓋的視角大約200度。Photomerge將這七張照片合併得相當不錯，但為了作出更好的效果，我又花了約25分鐘除去一些明顯的接縫。最後呈現出來的影像並不完美，但卻能夠真正掌握這幅景像的壯觀。

相機：Nikon F90x / **鏡頭**：28mm / **軟片**：Kodak Portra 160NC

方法2 手動縫合影像

如果你沒有Photomerge或任何其他影像縫合軟體，不用擔心。使用Photoshop的圖層(Layers)功能來手動縫合影像，也相當容易。以下就是處理過程。

step1

將拍好的系列照片一一編號，從左邊開始。我在這兒準備了六張照片，所以編成1-6號。這在接下來的處理過程中，將利於辨識。

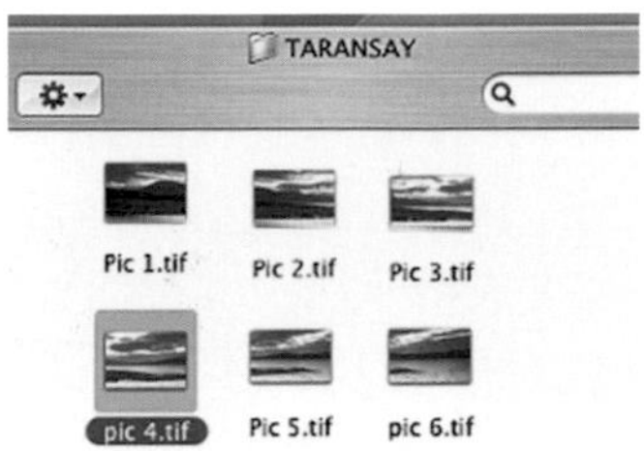

step2

在Photoshop裡打開檔案，並且確定它們都是相同尺寸。因為我是使用數位相機拍攝，所以它們的尺寸和解析度都一樣。

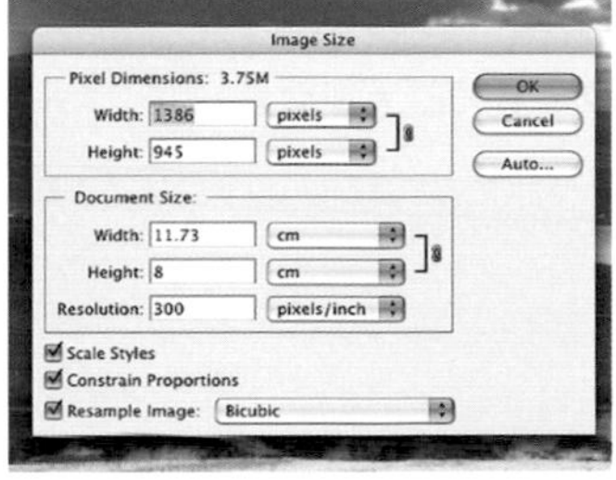

step3

打開第一張影像(Pic 1)，拷貝，然後擴大版面，把寬度加大一點，長度則增加很多。長度究竟要多長，可將Pic 1的長度乘以系列影像的數目。這會比你實際需要的更長，因為這六張影像彼此都有一些重疊，但任何多出來的長度，在後面都可以裁剪掉。請注意錨點的位置。

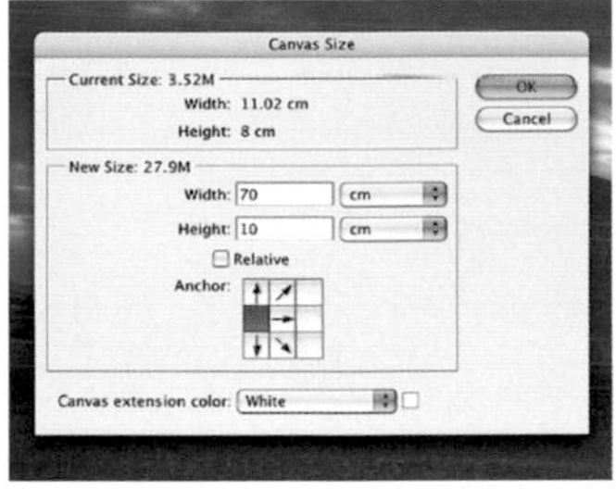

step4

點一下移動工具(Move tool)，然後依照編號先後次序，一一把這些原始影像拉過來，丟進你剛才擴大後的新版面裡。這時，你可以關掉原始影像，因為不會再用到它們。

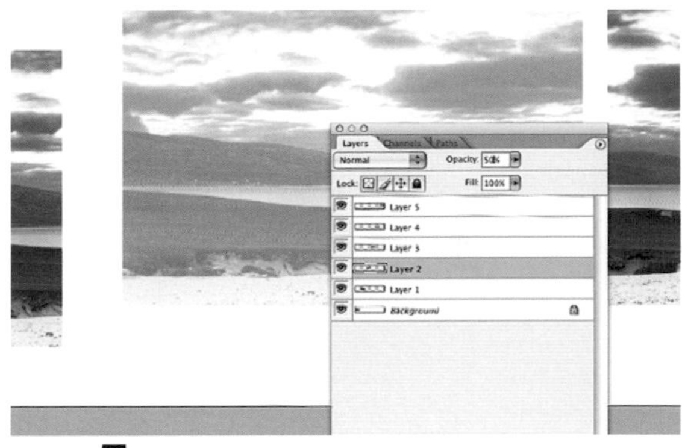

step5

前往圖層面版，點選含有第二張影像的圖層，將它啓動。把這個圖層的不透明度減少50%，這讓你可以更容易把兩張影像排成一直線。點擊圖層面版裡圖層旁邊的眼睛圖示，讓你正在處理的圖層的上面那個圖層顯現出來。

step6

選擇移動工具，把兩張影像大略排成一直線。在大約排成直線後，你可以使用鍵盤上的箭頭鍵，一次推進1畫素。如果出現微微的鬼影也不要擔心，這可能是因為用來拍攝原影像的鏡頭變形所造成的。想要除去這個，可以使用變形工具(Transform tool)，把它們套用在某個圖層的全部或部分，讓它們排得更直線。在你對它們的直線效果感到滿意後，把調整好的圖層鎖定，這樣子可以避免你如果再度使用移動工具時，它們不會被碰到而移動位置。同時也要把不透明度調回100%。

step7

接下來就要加進圖層遮色片，並且塗抹圖層，讓底層的重疊影像顯示出來。以這個例子來說，我點選圖層面版底部的增加遮色片(Add Layer Mask)圖示，把圖層遮色片加在第二和第三圖層上。

塔蘭塞島，蘇格蘭
(Taransay, Scotland)
這就是最後的結果——六張影像結合而成為一張看不出接縫的影像。要把它們合併起來是相當容易的，因為接縫處可以被雲朵、綠草和海灘掩飾過去。只有含有大海區域的色調是均勻的。我是用彩色負片拍攝原始影像，但這一次我請沖印公司替我掃描。
相機：Nikon F90x
鏡頭：50mm
軟片：Kodak Portra 160 NC

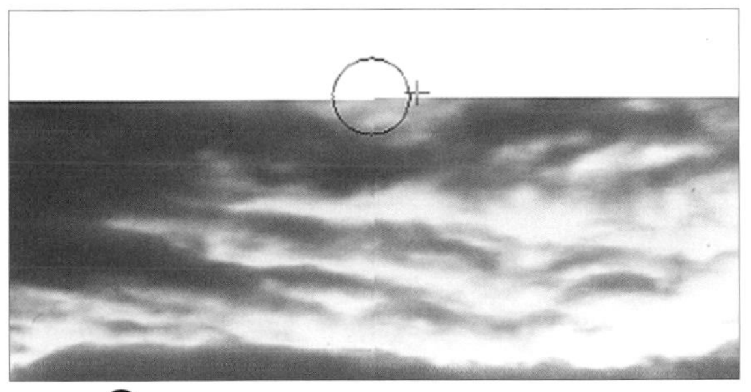

step8

找出兩張重疊影像的一處接縫，然後選取柔邊筆刷。確定把前景顏色設為黑色，點選圖層遮色片，將它啟動。用筆刷在圖層遮色片上塗抹，讓底下的圖層顯現出來，如此就可使這個接縫消失不見。你也可以改變圖層面版的不透明度，從純黑(100%)變成灰色，再到白色(0%)，讓本來色調突變的兩個區域，可以輕易混合。

step9

使用縮放顯示工具(Zoom tool)以及筆型工具(Pan tool)，放大及移動你的混合圖層，直到你對最後的結果感到滿意為止。混合過程的最後步驟，就是使用裁切工具(Crop tool)裁掉任何非直線的邊緣以及不要的版面。

森林步道，艾恩韋克，北安伯蘭 (Woodland Walk, Alnwick, Northumberland)
這是一張360度的全景照片，原始材料是使用消費型數位相機拍攝的18張個別照片，然後在Photoshop裡使用Photomerge功能將它們結合起來。為了判定正確的曝光值，我把相機對準全景影像的中央區域，因為那兒的光線最為均勻。相機是設定在快門1/60秒和光圈f/2.8。我用曝光鎖定功能把這個設定鎖住，因此所有其餘的照片都使用相同的曝光設定。
比較明亮的區域微微有點失焦，陰影區域則稍微過暗，但這是你事先可以預料的。除了稍微裁剪上方和下方，對於這張最後呈現出來的影像，我則沒有做任何修改。由此可以看出，如果你在拍攝時把相機維持水平狀態，並讓上下兩張影像各有相當程度的重疊，縫合軟體就會替你完成其餘的工作，而得到很好的結果。
相機：Nikon Coolpix 4300消費型數位相機，內建變焦鏡頭

P Photo First Aid 照片急救

不管你有多少攝影經驗，仍然還是有可能犯錯，一張本來可以是很精彩的照片，就這樣被毀了。曝光錯誤可能是主要原因。想想看，一個難得一見的攝影良機出現了，你毫不考慮地按下快門，但沒有想到你的相機是設定在手動曝光模式，或是被錯誤的光線所誤導。

包圍曝光是避免發生錯誤的最保險作法。當你在壓力下攝影，並且試著在重要時刻捕捉那個畫面，但是你不會一直有機會在不同的曝光下一連拍攝幾張照片，所以你必須要確定一開始就要把一切都設定正確。

對於曝光錯誤，負片軟片的寬容性一直很高，因為如果是太亮或太暗的負片，在沖印階段是可以挽救的。幻燈片軟片則沒有這種寬容性，所以有經驗的攝影人在拍攝幻燈片時，一定要一開始就把它拍好。

幸運的是，在目前這個數位時代裡，即使你在拍攝幻燈片時出了差錯，也許可能不會讓全部心血付之東流，因為你仍然可以挽救這些影像。

一般來說，曝光不足總是比曝光過度來得好，因為如果你一開始就沒有把細節記錄在軟片裡，是不可能讓它復原的。如果是曝光過度，一般的結果是，亮部區域會「明亮過度」，這表示那些區域記錄的是純白色。在這種情況下，不管你使用Photoshop的技巧有多高超，還是無法恢復未記錄進來的細節。但是，如果影像曝光不足，即使是在最暗的區域中，還是有細節存在，因此就可以讓它們恢復。

需要什麼

■ 幾張曝光過度或曝光不足的照片。

怎麼進行

方法1 拯救曝光不足的照片

我認為，這些在陽光下曝晒的章魚，會是很吸引目光的畫面，所以我靠得很近，在陽光直射的情況下把它們拍攝下來。背景太亮，誤導我相機的測光系統，結果拍出曝光不足的照片。之所以發生這種情形，是因為相機的測光系統原設計來將畫面中的所有一切都記錄成中間調。如果場景很明亮，相機就會造成曝光不足，好讓它呈現出中間色調。

我想要讓章魚獲得正確曝光，背景不要那麼白，這應該都不會太難，而且Photoshop裡有多項功能可以用來解決這些問題。

step 1

首先，我製作出一個曲線調整圖層，試著在曲線裡調整影像——圖層＞新增調整圖層＞曲線(Layer＞New Adjustment Layer＞Curves)，這會打開曲線對話框。想要在RGB曲線裡精準地找到特定色調，按住功能鍵，點擊影像中的一部分。這樣做會在曲線上出現一個點，而這正是你所選擇色調的所在位置。以這個例子來說，我想要把選擇的色調調亮一點，所以我把曲線稍微往上拉高，並且偏左。我接著在亮部和陰影部重複這個步驟，結果產生一個更明亮和更清晰的影像——比較接近我當初拍攝原始影像時所希望呈現的樣子。

step2

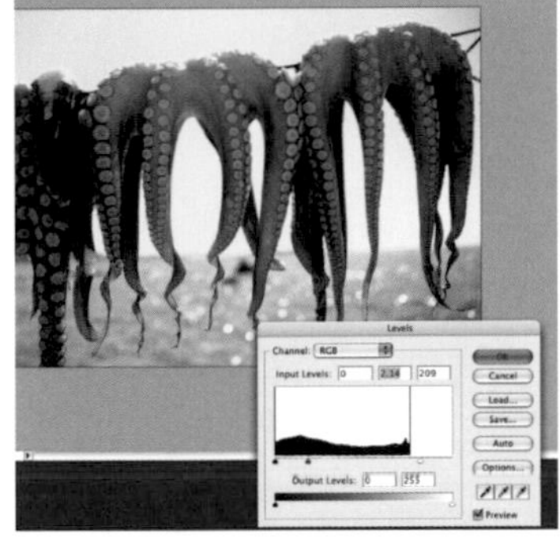

使用色階(Levels)也可以拯救影像。在這個例子裡，我製作出一個色階調整圖層，如此就可以除去任何改變，而不會影響到原始影像。我接著調整色階對話框裡的中間色調和亮部，直到對呈現出來的效果感到滿意為止，雖然這並不像曲線調整圖層那麼成功。我也發現，色彩飽和度增加了，所以必須在色相/飽和度(Hue/Saturation)裡把它調低。

step3

Photoshop CS和CS2使用者還有另一種選擇——在影像>調整(Image>Adjustments)中的陰影/亮部工具(Shadow/Highlight tool)，這是使陰影或亮部變得更亮或更暗的最快速方法。在這個例子裡，陰影的預設值是50%，亮部是0%，在我打開這項工具後，這些設定就套用到影像裡，效果看來已經相當不錯了，但是，再度調整影像的濃度後，必須再減少色彩飽和度。

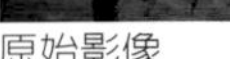

原始影像

曲線調整

色階調整

陰影/亮部調整

米克諾斯鎮，米克諾斯，希臘群島

從這一組四張照片的比較中，可以明顯看出，一張曝光不足的照片如何用三種不同的方法來挽救——曲線、色階、和陰影/亮部。這三種方法中，我比較喜歡曲線法，因為這讓我可以調整影像中某個特定區域的濃度，以達成更討人喜歡的色調範圍。用曲線和陰影/亮部方法調整後，我發現陰影區域會較暗一點。

相機：Nikon F90x / **鏡頭**：28mm / **軟片**：Fujichrome Velvia 50

雪景

拍攝場景很亮時，較容易拍出曝光不足的照片。白雪皚皚的景色可能就是這方面最常見的例子，以及白色的建物。在拍攝這樣的景色時，你的相機會企圖把白色記錄成中間色調(灰色)，所以整張照片就會變成曝光不足。幸運的是，這樣的錯誤，在Photoshop裡很容易修正。

前往影像>調整>色階。在色階對話框裡，你會看到，在影像的柱狀圖下方有三個三角形標記。右邊的三角形可以讓你調亮亮部。如果是白色曝光不足的影像，把明亮標記向左拉，直到來到柱狀圖的第一個高峰下方，這應該可以讓白色恢復它們原來的明亮。當你對呈現出來的效果感到滿意時，按下確定。

威戴爾，德罕郡，英國
(Weardale, County Durham, England)

只是很快地在色階對話框裡調整一下亮部標記，就將原來暗淡、曝光不足的影像變成幾近完美的畫面。

相機：Pentax 67 / **鏡頭**：300mm / **軟片**：Fujichrome Velvia 50

方法2 拯救曝光過度的照片

如果拍攝場景中的主體主要是由暗色調組成，相機的測光系統可能就會被誤導，而產生曝光過度的結果。這樣的場景很多，例如一隻黑貓臉孔的特寫、占滿整個畫面的黑色大門；或是你的主體很小，而背景又是黑色。相機這時還是會再度想把整個場景記錄成中間色調，這也是相機原本設計的目的，所以，它會為了要照亮暗部區域而出現曝光過度。這和相機拍攝雪景的情況正好完全相反。

但在實際狀況裡，很少是因為主體而造成這種問題。之所以會造成曝光過度，很可能是因為你忘了解除相機曝光補償設定的＋記號；或是因為你本來是用手動模式拍攝，但在拍完較暗的主體後，接著又去拍攝較亮的主體，卻忘了改變曝光設定。不管是什麼原因，如果發生這種情況，你就必須試著拯救這張失敗的影像。我發現要解決這個問題，最好的方法就是調整曲線，以下是它的具體作法：

step 1

製作一個曲線調整圖層。想要這樣做，先使用視窗＞圖層(Windows＞Layer)打開圖層面版，然後點一下面版下方的新增調整圖層圖示，選擇曲線(Curves)。另外，也可以使用圖層＞新增調整圖層＞曲線(Layer＞New Adjustment Layer＞Curves)。在一個圖層上進行調整，並不會永遠改變原始影像(除非你進行影像平面化)，所以這比在原始影像上工作來得安全。你也可以在任何時間點重新打開調整圖層，把你已經完全改變的影像再進行調整。

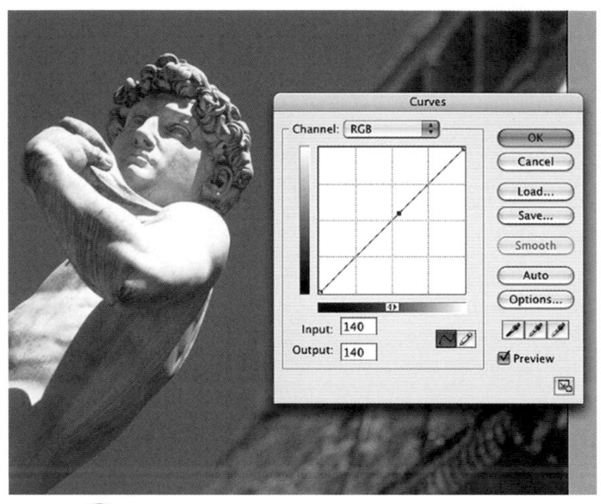

step 2

想要調整影像中某個區域的色調，按住Ctrl鍵不放，同時點擊這個區域，就會有一個標記出現在曲線與這個色調相符合的位置上。以這個例子來看，我選擇雕像附近的天空區域。你可以看到，那個標記就落在很接近曲線中央的位置，所以，那個區域屬於中間色調。

step 3

想要讓影像變暗一點，我把曲線向下拉，如圖所示。你愈把曲線往下拉，影像就會變得愈暗，但不要弄得太暗。你可以在曲線的任何一個點上重複這個動作，但以這個例子來說，只要調整一下天空色調，就可以把畫面中的其餘區域也順便調整到接近完美曝光的程度。

大衛雕像，佛羅倫斯，義大利

我拍攝這張影像時，正忙著跟別人說話，因此忘了調整曝光設定，結果造成曝光過度的結果。不過，我把原始幻燈片掃描到電腦裡後，就可以用Photoshop很輕鬆地把它拯救回來。

相機：Pentax 67
鏡頭：165mm
濾鏡：偏光鏡
軟片：Fujichrome Velvia 50

要有創意

「正確曝光」是什麼意思？在我看來，這跟個人有很大的關係。有些時候，即使在技術上來說是正確曝光的影像，但實際看來還是太亮或太暗，而且也不能引人注意。因此，不要害怕，多多嘗試，從錯誤中獲得進步。亮部有時會失去所有細節，但在某些情況下，很亮的亮部反而對你有好處。同樣的，只要你喜歡，也可以把陰影區域拍成不含細節的一團黑。

浴室玩具

這張原始影像有點兒曝光不足，但並不嚴重。但是，我在Photoshop裡修正時，決定來個過度補償，對亮部和中間色調色階作出比我實際需要更大的調整，所以，白色變成純白，黃色也大為增亮。我發現，在這樣處理後，這張影像呈現出一種時髦的高格調感。

相機：Nikon F90x / **鏡頭**：105mm微距鏡頭 / **軟片**：Fujichrome Velvia 50

P Photoshop Filters 濾鏡

早在1980年代初，市面上只能找到Cokin牌的濾鏡。你可以買到這個牌子的各種濾鏡，有的可以把拍攝主體放大七倍，有的可以替風景照加上一道彩虹，有的可以將天空變成紫色，或是把靜止的主體變得好像正以超音速向前奔馳──這樣的濾鏡多得不勝枚舉。跟很多熱情的攝影人一樣，這些濾鏡我全都喜歡，並且利用它們創作出很多，嗯，相當可怕的照片！

理論上，很多濾鏡的效果似乎是很不錯，但在實際應用上，它們其實只是高級玩具而已。在使用濾鏡一或兩次後，你就會發現，這很容易產生效果過度的危險，嚇得你可能不會再想使用。但有很多攝影人使用一些特殊濾鏡，企圖把拍壞的照片修正過來，但一般人不會這樣做。

Photoshop和其他類似的影像處理軟體一樣。只要按一下滑鼠，或是按鍵盤上的某個鍵，就可以讓一張影像完全變形。但悲哀的是，這樣的改變並不一定是好的。攝影人常會忍不住想使用某種濾鏡來拍攝，結果，最後拍攝出來的影像作品，只會吸引人們去注意觀看它的效果，而忘了欣賞它的內容。

所以，關鍵就在於要小心選擇濾鏡會產生的效果。試試各種濾鏡的效果是很有趣，但只有在它們真的能夠強化原始照片的效果時，才去使用。為了讓你了解濾鏡的效果，以下介紹了幾種功能強大的Photoshop濾鏡，只要搭配合適的影像來處理，就會產生很好的效果。

需要什麼

- 幾張黑白和彩色照片。我在這兒只使用彩色照片，並且只套用對彩色照片效果很好的濾鏡。

怎麼進行

方法1 擴散光暈

這個濾鏡最適合用來處理逆光拍攝的影像，因為它會加進一種大氣光暈的效果，也可以用它來替黑白照片創造出紅外線效果。想要使用它，前往濾鏡 > 扭曲 > 擴散光暈(Filter > Distort > Diffuse Glow)。裡面有三道控制滑桿，讓你可以變化效果的程度，另外還有一個很大的預視視窗，在你移動任何一道滑桿時，就可以讓你看出會發生什麼樣的效果。

巴克蘭郊區，達特摩，英國
(Near Buckland-in-the-Moor, Dartmoor, England)
我之所以選擇這張森林場景，是因為我知道在加上濾鏡後的效果會很不錯。在套用了擴散光暈濾鏡效果之後，我再選擇影像 > 調整 > 色相/飽和度(Image > Adjustments > Hue/Saturation)。將色相滑桿稍微拉向左邊，使得這張秋天森林景色變得更紅，有點像是使用紅色強化濾鏡。我也增加了一點飽和度。
相機：Horseman Woodman 4×5吋相機 / **鏡頭**：90mm
濾鏡：偏光鏡 / **軟片**：Fujichrome Velvia 50

姬蒂在海灘，艾恩茅斯，北安伯蘭
(Kitty on the Beach, Alnmouth, Northumberland)
在檢查我使用Nikon Coolpix消費型數位相機拍攝的家人照片時，無意中看到這張我女兒姬蒂笑得很開心的照片。原來的照片已經很不錯，但需要再加進點什麼，讓它看來更有創意。擴散光暈濾鏡再度拯救了這張照片，就是把背景照亮，在姬蒂頭髮四周創造出一種光暈效果，也替這張影像帶來更明亮、高調的感覺。
相機：Nikon Coolpix 3400消費型數位相機，內建變焦鏡頭

方法2 突出分割

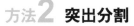

就是像這樣的工具，才會讓人了解到Photoshop有多麼聰明。突出分割——濾鏡>風格化>突出分割(Filter>Stylize>Extrude)——的效果幾近荒謬可笑，所以我花了好久的時間，才找出一張適合套用這種濾鏡效果的影像。據說，Photoshop是開發給設計師使用的，而不是攝影人，如果使用者有足夠的創意，這種濾鏡可以發揮很大的效用。

威尼斯嘉年華，義大利
我曾經試著把突出分割濾鏡效果套用在很多影像上，雖然我真的很喜歡它的效果，但我還是忍不住懷疑，是否能夠把這種濾鏡用在正常作品上。最後，我終於找到一張適合這種濾鏡效果的照片。一開始，我把突出分割效果套用在整張影像，大小和深度都設定為14。不過我後來發現，如果不把它套用在整張影像上，效果會更好。於是，我使用套索工具選擇模特兒的臉孔，然後前往選取>反轉(Select>Inverse)，讓我可以處理臉孔以外的所有區域，然後再度套用突出分割。
相機：Nikon F5 / **鏡頭**：80-200mm變焦鏡頭
軟片：Fujichrome Velvia 100F

方法3 海報邊緣

這個濾鏡可在藝術風選單裡找到——請前往濾鏡＞藝術風＞海報邊緣(Filter＞Artistic＞Poster　Edges)。對話框出現後，使用那三道滑桿來變化濾鏡效果，以及從預視視窗察看效果呈現的進度。這個濾鏡用起來很有趣，但只適合構圖簡單、具有圖畫風格的影像——至少，我是如此認為。

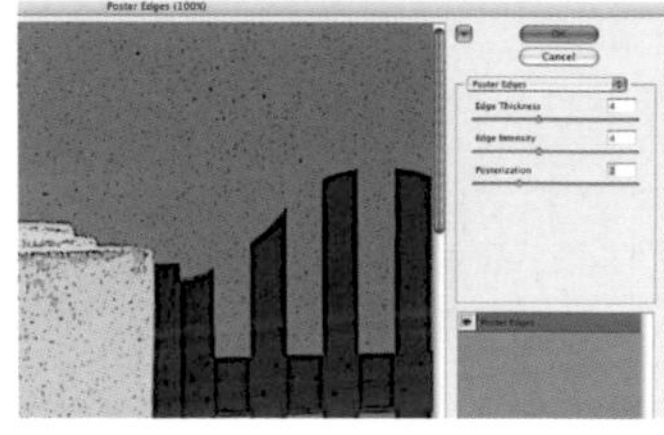

伊媚羅維格利，聖托里尼島，希臘(Imerovigli, Santorini, Greece)
我很喜歡海報邊緣濾鏡在這張構圖簡單的影像上，所產生的強化形狀效果，這使得它看來更像一張藝術海報，而不是照片。我的設定值分別是4、4和2。
相機：Nikon F90x
鏡頭：28mm
濾鏡：偏光鏡
軟片：Fujichrome Velvia 50

方法4 扭曲

如果你前往濾鏡＞扭曲(Filter＞Distort)，將會發現裡面有很多扭曲濾鏡。不同的濾鏡，會對不同的影像產生不同的效果，但不管如何，一開始，你選擇的影像應該是在加上這種濾鏡效果後仍可以看出原始面貌。人像的效果應該是最理想的。你可以扭曲主體的臉孔，把一張簡單的快照，變成一張幽默的漫畫──這將會很有趣，能讓人會心一笑。任何簡單、圖畫似的影像也適合套用這個濾鏡，以下這一系列影像就是最好例子。

在每個例子裡，都有一些簡單的控制功能，讓你可以配合各個影像而變化各種扭曲效果。同一張影像也可以套用一個以上的扭曲濾鏡，只要你覺得處理後的影像夠大膽就可以；或者，你也可以把同一種濾鏡重複套用，產生更極端的效果。例如，我把內縮(Pinch)濾鏡一連套用四次，才完成在這兒呈現的效果。液化(Liquify)濾鏡的使用則較為複雜──我使用這個濾鏡來重新創造出拍立得相機的乳膠轉移效果（請參閱第62-65頁），但把它當作單獨作業的濾鏡來使用，效果也很好。我使用300畫素大小的筆刷，把影像拉近、推遠，並將它扭曲，但你也可以選擇比這更大或更小的筆刷。

洛伊德大樓，倫敦
(Lloyds Building, London)
這是原始影像的樣子，接著，我替它套用多種扭曲濾鏡。你可以看得出來，它們的樣子跟原來大不相同。
相機：Nikon F90x
鏡頭：50mm
軟片：Fujichrome Velvia 50

內縮(Pinch)

傾斜效果(Shear)

魚眼效果(Spherize)

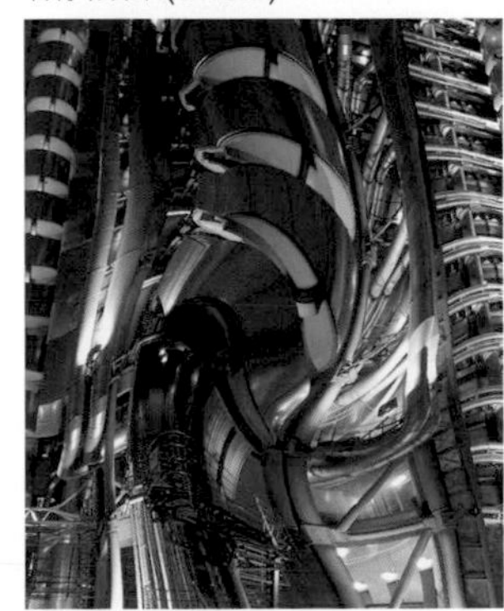

扭轉效果(Twirl)

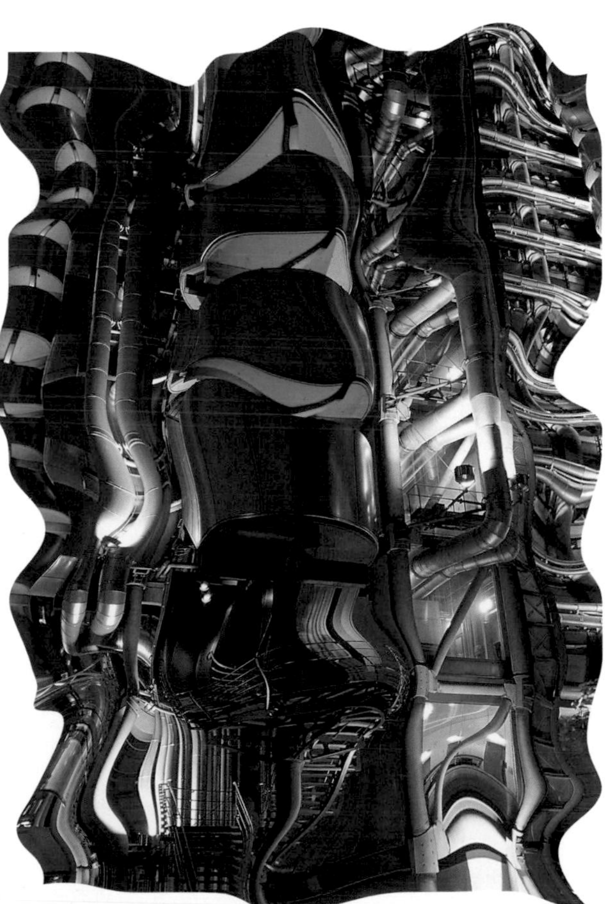

液化(Liquify)

R Restoring Old Photographs 修復老照片

一年前左右，我父親發現一箱老照片，是祖母家人的照片，一直被放在一個紙箱裡。他問我是不是可以把其中一些照片印出來，讓他可以把它們送給家族的其他人。我沒有看到這些照片就一口答應了，但當它們被送到我這兒之後，我才發現，這些照片大部分都需要進行昂貴的修復，然後才能拿來印成照片。這些照片除了污漬、破損、和摺痕之外，有的上面還有淚痕，而且大部分都因為年代久遠而褪色。

在Photoshop出現之前，想要對老照片的這類污損進行修復，需要很高明的技巧，並且要使用畫筆和空氣刷，至少花上好幾個小時。但在目前，只要是對Photoshop工具有些基本了解的任何人，都可以完成這樣的修復工作，而且只要幾分鐘時間，就可以達成專家級的修復成果。

需要什麼

■ 選幾張老照片，愈老愈好。

怎麼進行

修復老照片主要是使用仿製印章工具(Clone Stamp tool)或修補筆刷(Healing brush)，來除去照片上的刮痕、淚痕和污損。這兩種工具可以讓你從未受損的區域複製一些畫素，然後把它們貼到受損區域。筆刷的種類和大小有很多種，讓你可以用來處理從最小的灰塵到最大的刮痕或淚痕。但是，修補成功的關鍵則是耐心，只要你願意多花點兒時間來進行，修復的成果將很驚人。

為了要說明如何進行這樣的修復工作，我選了我父親保存下來的一張老照片。你可以從這張原始照片看出來，它的情況有多糟糕，但這很快就會改變。

step 1

使用平台掃描器，用300dpi的解析度掃描原始照片，然後拷貝這個掃描檔。我先進行裁剪，除去不均勻的邊框，這是把這張照片從相簿上撕下來時造成的。

step 2

大部分老照片都呈現深褐色，像這一張就是。但是，黑白影像的處理比較容易，所以我先把這張照片的色調除掉，先使用影像＞調整＞去除飽和度(Image＞Adjustments＞Desaturate)，等到修復工作完成之後，可以再恢復這張影像的色調。

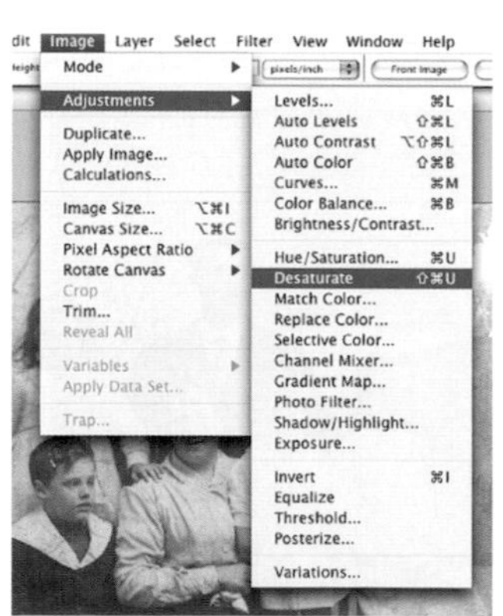

step 3

原始照片可能褪色得很厲害，所以，在調整色階後，就可以替它增加一些生氣和生命力，請前往影像＞調整＞色階(Image＞Adjustments＞Levels)。這會加強對比，讓黑色變得更黑，亮部變得更乾淨。

step4

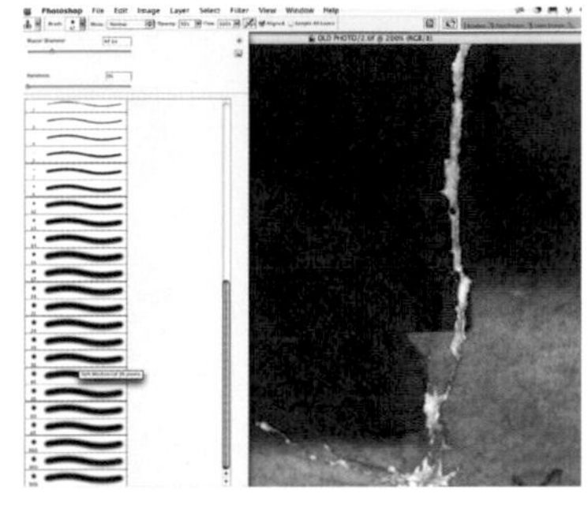

在這張照片裡，我決定修補的第一個區域就是這道長長的摺痕，從照片的頂端一直延伸到底部。在照片中，女士的黑裙子和站在椅子上那個小孩的臉孔上，這條摺痕特別明顯。想要修補這條摺痕，我選擇仿製印章工具，並且一開始先使用直徑35畫素的柔軟筆刷。

step5

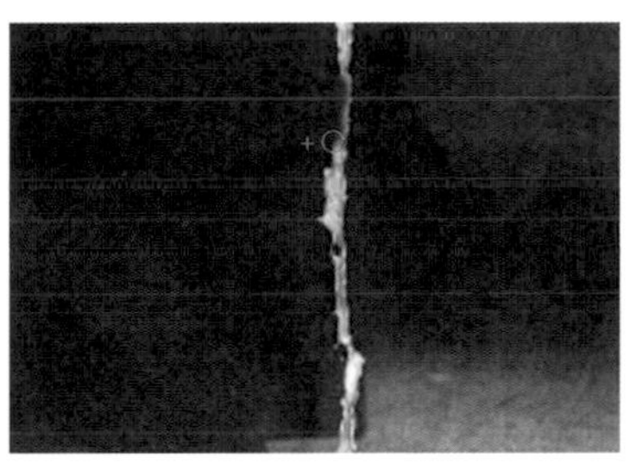

使用仿製印章工具時，只要把游標移到跟你想要修補區域的顏色/色調相似的一個區域裡，然後按住Alt鍵點擊一下。再將游標移到要修補的區域，然後點一下滑鼠，就會把拷貝下來的畫素貼上去。對於像這兒所見到的摺痕的直線，你可以點一下，然後拖行滑鼠，就會進行連續性的修補。

step6

有個好建議，就是每隔幾分鐘便縮小螢幕上的影像，讓你可以察看修補過程的進度。在這兒，你已經可以見到成果：女士裙子上的褶痕不見了。

step7

我接下來處理的區域是小女孩的鞋子，那兒有些很細微的白色裂痕。我使用相同的柔軟筆刷，但把直徑縮小到5畫素，用來修補這個區域。

step8

下捲到影像的左下角，我接著修補那兒的某些裂痕、摺痕和污漬。修補這樣的污損是很容易的。在使用小筆刷除去靴子上的白點後，我把筆刷直徑增加到50畫素，使用仿製印章工具來拷貝地板上一個未受損的區域，然後把拷貝下來的畫素貼到破損區域。如果要修補較大區域，也可以使用矩形選取畫面工具(Marquee tool)。把它拉到想要拷貝的區域，然後前往編輯＞拷貝(Edit＞Copy)，把工具拖到破損區，然後前往編輯＞貼上(Edit＞Paste)。

step9

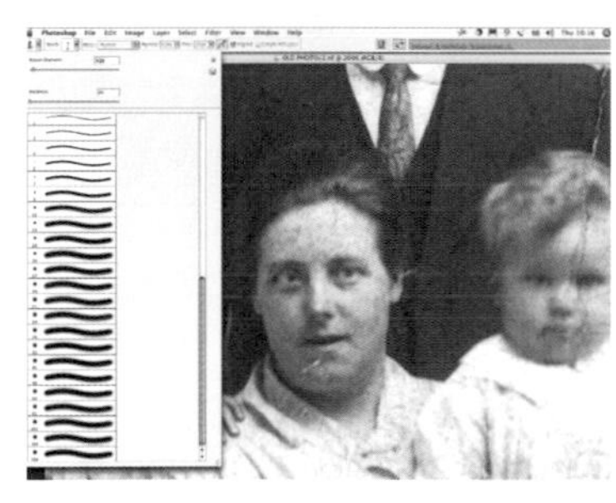

想要把修補工作做得很漂亮，就是要有耐心，多花點時間。我花了約40分鐘來處理這個影像，從一個區域移到另一個區域，一一修補每個破損處。我尤其注意臉孔，因為臉孔上的污損特別突出，雖然我並不預期所有的修補工作都可以做得很完美，但我確信所有的污痕都除掉了。

step10

這張照片頂端的破損尤其嚴重，右上角有一個大區域，是被撕裂後再黏回去的痕跡。不幸的是，黏得很糟糕，

而且有某些區域完全從影像中消失不見了，只有看到露出來的白色背景。雖然看起來很糟糕，但要修補它其實很容易。我使用30畫素的柔軟筆刷去修補這些裂痕和污漬，先拷貝未受損區域的畫素，再貼到受損區域裡。我也除去一些繩子，並把不乾淨的缺陷一一清理乾淨。

step 11

在受損嚴重的左上角落，攝影棚背景布幕上有一棟建築物繪圖的殘留痕跡。我把那附近的空白區域拷貝下來，用矩形選取畫面工具做個選取，然後在影像右上角落的空白處一連貼上兩次。再用仿製印章工具快速地整理一下，讓它看起來好像背景是空白的。我也使用仿製印章工具除去男子右邊的台階。

step 12

為了想要補上最右邊女孩失去的頭髮，我使用小筆刷(5畫素)拷貝不同的區域。點擊及拖行滑鼠，拉出正確的色調，創造出女孩頭頂的正確形狀，而不是只把色調貼到這個區域。

step 13

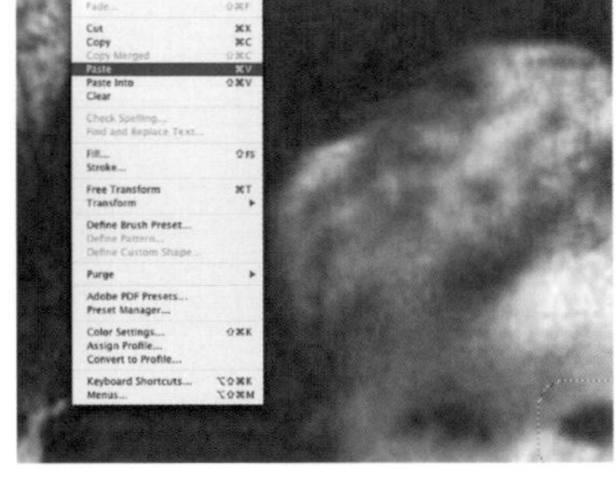

我無法使用仿製印章工具很正確地修復站在椅上的小男孩的右眼，所以，我改用矩形選取畫面工具選取他的左眼，拷貝——編輯＞拷貝——在他的右眼拉出另一個選取區，然後使用編輯＞貼上，把拷貝的左眼貼上去。因為他的臉孔並不特別清晰，所以我不需要把選取區翻轉，看起來也並沒有什麼不對勁。

step 14

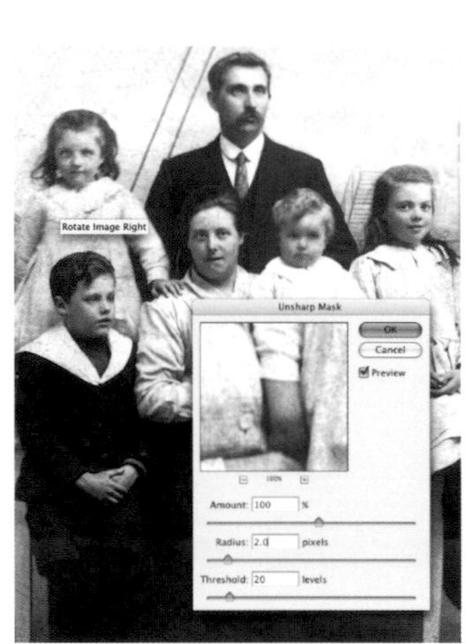

修復工作完成後，你也許會想要讓影像變得銳利一點，可以使用濾鏡＞銳利化＞遮色片銳利化調整(Filter＞Sharpen＞Unsharp Mask)。使用這個濾鏡時，最重要的是不要銳利過度，否則，調整後的影像看起來會不自然。還有，如果影像的一部分是因為失焦或晃動而模糊，你是無法讓它恢復銳利的。

step 15

我再加進直線作為影像的邊框，使用編輯＞筆畫(Edit＞Stroke)。在這兒，我選擇一條3畫素寬的黑線。

step 16

想要恢復原來色調，你可以使用在第150頁介紹的快速方法。前往影像＞調整＞色相/飽和度(Image＞Adjustments＞Hue/Saturation)，點選顏色，然後調整色相和飽和度滑桿。左圖裡的設定值，就是我用來在最後成果的照片中所要呈現的色調。

step 17

最後，為了展示這張影像，把版面尺寸擴大——影像＞版面尺寸(Image＞Canvas Size)——高度和寬度都各增加2公分，並選擇白色作為版面延伸色彩。

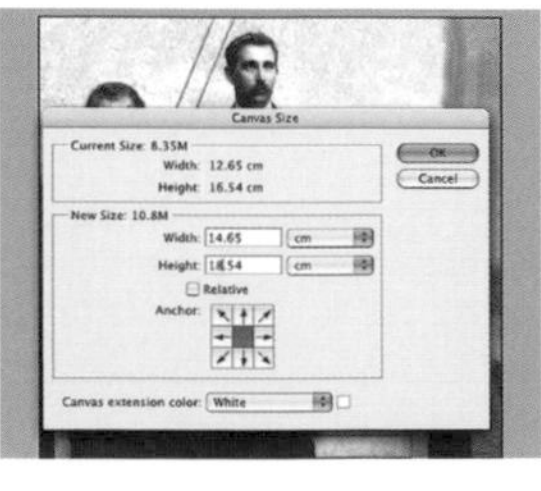

祖先家族照

如果你比較原始照片和最後修復完成的這張照片，你會發現，Photoshop幾乎什麼都可以修復。只有一些遺失的區域較難以修補，但修補專家仍然有法子解決這個問題。他們可以拷貝畫面中的其他部位，或甚至從不同的照片中去拷貝，然後很有技巧地把它們貼進畫面中，讓人看不出接縫。

這是我使用Photoshop修復老照片的另一個例子。

S Simple Lenses 簡單鏡頭

近幾年來，「玩具」相機，例如Holga相機，已經在藝術攝影人之間造成流行——如果你不相信，請上www.toycameras.com看看！

這種相機製作得很粗糙，經常會漏光，只有很少的曝光控制功能，或甚至完全沒有。你也可以想像得出，它們的光學品質很差。經常只有畫面中央的一個小點是清晰的，影像其他區域則模糊得難以辨認。儘管有這麼多缺點——也許就是因為有這些缺點——玩具相機使用起來卻樂趣無窮，照片呈現出來的感覺也很棒。

不過，比較不方便的是，要把它們的軟片沖印出來，得多花點兒時間。所以，我決定發明數位方法來模仿這樣的效果。

需要什麼

■ 幾張精選的彩色或黑白照片。

怎麼進行

step1

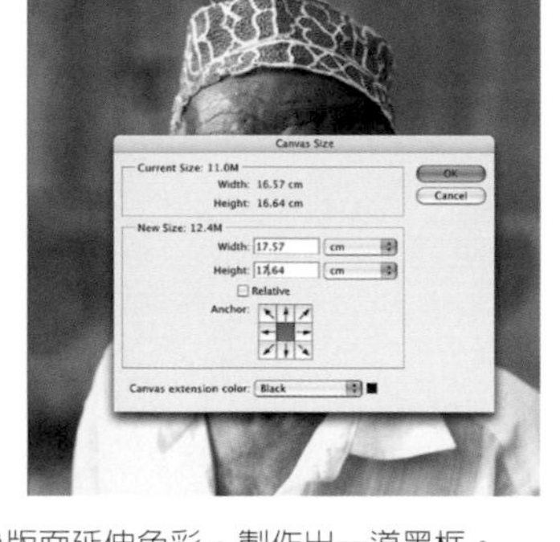

如果原始照片是長方形，請把它裁剪成四方形——大部分玩具相機都是在120軟片上產生6×6公分的影像。擴大版面尺寸，使用影像＞版面尺寸(Image＞Canvas Size)，將版面的長和寬各增加1至2公分。選黑色作為版面延伸色彩，製作出一道黑框。

step2

點選仿製印章工具(Clone Stamp tool)。從筆刷下拉選單中選取乾性媒體筆刷(Dry Media Brushes)，並點一下Pastel Medium Tip筆刷。使用仿製印章工具軟化黑框邊緣內部的銳利部分(請參閱第14-15頁)。

step3

在黑框邊緣內全力處理，把邊緣變得不均勻，如圖所示。如果出現你使用過仿製印章工具的痕跡，別擔心，因為它們很快就會消失。

step4

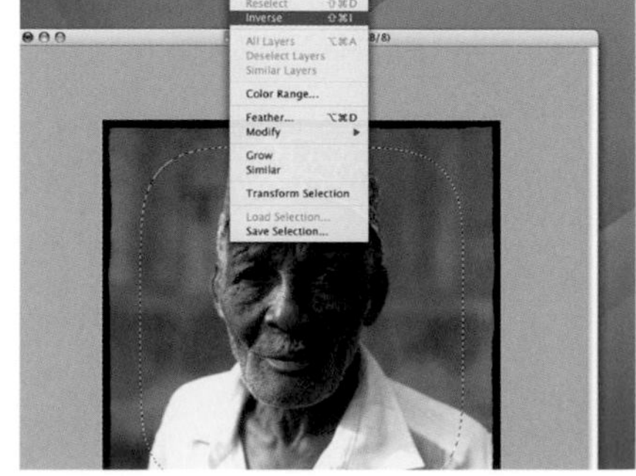

使用矩形選取畫面工具(Marquee tool)，點選和拖行影像中央區域，然後前往選取＞反轉(Select＞Inverse)，如此，中央選取區以外的所有區域都可以處理。羽化程度設定為25畫素，以製作出柔軟的邊緣。

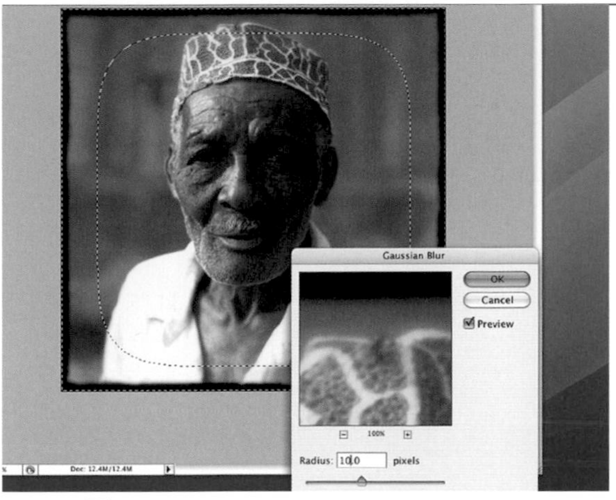

step5

接著軟化影像的邊緣和角落，讓它們呈現出類似失焦的樣子，前往濾鏡＞模糊＞高斯模糊(Filter＞Blur＞Gaussian Blur)。我在這兒設定模糊強度為10.0畫素。

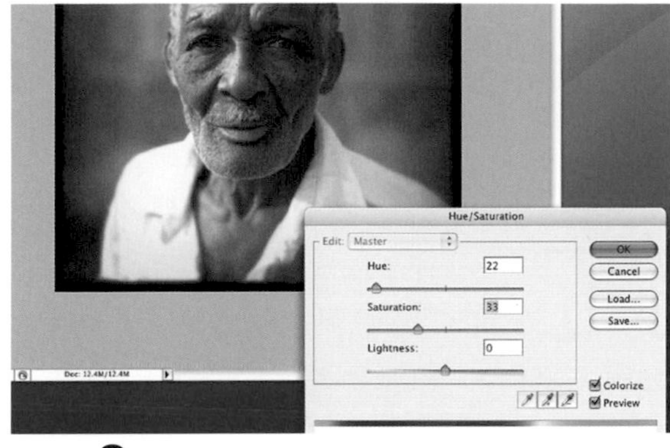

step8

前往影像＞調整＞色相/飽和度(Image＞Adjustments＞Hue/Saturation)，點 下色彩盒(Colorize box)。調整色相和飽和度滑桿。

step6

按照第4和第5步的作法，在影像中央製作出一個清晰區，或是「清晰對焦區」(sweet spot)，但中央選取區要很小，並在高斯模糊中將模糊強度設為較低的6.0畫素。

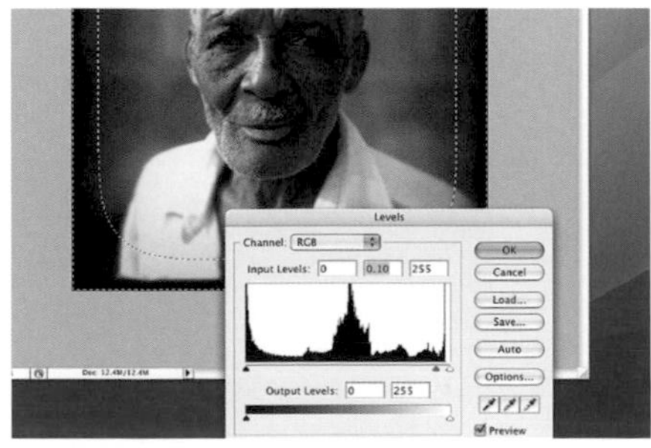

step7

使用矩形選取畫面工具在影像外面邊緣做最後選取。前往選取＞反轉，然後打開色階，調暗影像外圍邊緣，創造出變形效果。

老人，石頭鎮，尚吉巴
(Old Man, Stone Town, Zanzibar)
影像邊緣的模糊和變形效果，很成功地模仿出Holga相機的效果，而正方形的畫面也很適合人像的構圖。
相機：Nikon F5
鏡頭：50mm
軟片：Fujichrome Velvia 100F

Soft-Focus Effects
S 柔焦效果

使用柔焦濾鏡為照片增加情緒和氣氛，是我多年來經常使用的攝影技法。這項技術適用的主體範圍很廣，從靜物到裸體和風景，不管彩色或黑白照片都適合。有很多不同的柔焦濾鏡可以使用，每一種都可創造出有些微差異的效果。

實際拍照時，如果加上柔焦濾鏡，唯一問題是拍出來的照片都只有柔焦效果，除非你同時還拍了一張未加柔焦濾鏡的照片。但是，如果是以數位方法加進柔焦效果，你幾乎可以嘗試無窮盡的各種效果，從細緻的擴散效果到強烈、夢幻式的光輝。在最後行動之前，你還可以預先看到結果，而且一直都會有一張未加上濾鏡效果的照片作為備份。

需要什麼

- 精選幾張黑白和彩色影像。柔焦會破壞細節，因此，最好選一些簡單、不以細節取勝的影像，以及可以從柔焦效果獲益的照片。

怎麼進行

在Photoshop中，有很多製作柔焦效果的方法，並有多種模糊效果，可以讓大家玩個過癮。想要得到最佳效果，先複製原始影像，如此一來，萬一你對作出的效果不感滿意，還可以將它放棄。你也可以使用混合模式和不透明度/填滿(Opacity/Fill)滑桿來變化效果。

魯西納諾亞索，托斯卡尼，義大利
(Lucignano d'Asso, Tuscany, Italy)
這是未加濾鏡效果的原始影像，用來和加上柔焦效果的影像做個比較。
相機：Pentax 67 / **鏡頭**：165mm / **軟片**：Fujichrome Velvia 50

高斯模糊和混合模式

我最喜歡的柔焦濾鏡是高斯模糊——這既快速又容易使用，如果同時和混合模式一起使用，效果更佳。以下幾張影像正好說明加進柔焦濾鏡後的效果。

step 1

複製選好的影像，選擇圖層>複製圖層(Layer>Duplicate Layer)，或使用圖層面版的建立新增圖層圖示。

step 2

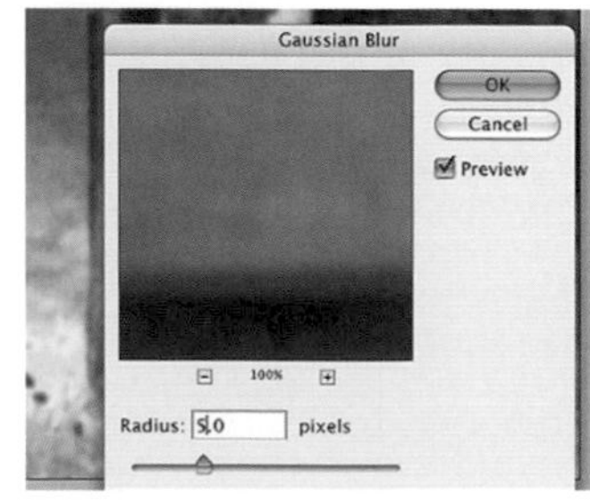

確定開啓這個圖層，前往濾鏡>模糊>高斯模糊(Filter>Blur>Gaussian Blu)。在彈出來的視窗裡，你將會看到一個預視窗和一道強度滑桿，愈把滑桿向右拉，影像的模糊度就愈大。以這個例子來說，我設定強度為5.0畫素。

這張影像顯示出，把強度設為5.0畫素後，所產生的高斯模糊效果。

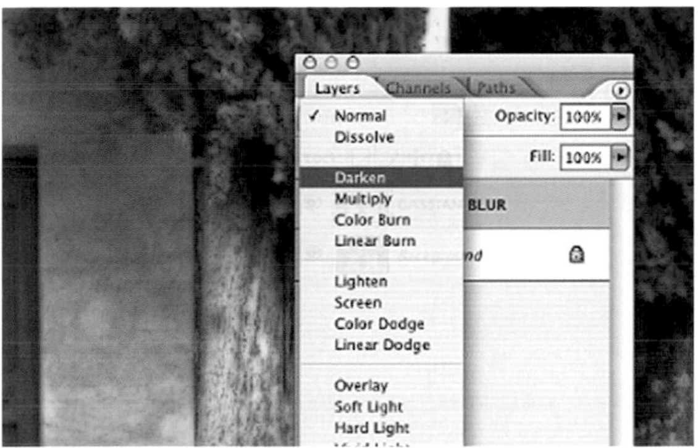

step3

利用高斯模糊製造出來的效果，單獨看起來並不太好，因為這只是把影像變模糊而已。但是，如果你把這個模糊圖層和原始圖層(清晰的圖層)混合起來，效果將會更為迷人。在這兒，我只是把複製圖層的混合模式從正常改為變暗(Darken)。

使用變暗混合模式後，製造出一種迷人的光輝，以及細緻的黑白模糊效果。

表面模糊

Photoshop CS增加了更多的模糊濾鏡，全都值得一試。我尤其喜歡表面模糊(Surface Blur)濾鏡，因為它會製造出一種彷彿對著相機鏡頭呼氣的效果，而且讓你可以用多種方法來變化最後呈現出來的效果。為了創作出這張影像，我選擇濾鏡>模糊>表面模糊(Filter>Blur>Surface Blur)，並在彈出來的對話視窗裡設定強度為30，高反差(Threshold)設為70畫素。這些圖層接著再以正常模式混合，不透明度滑桿則設定60%。

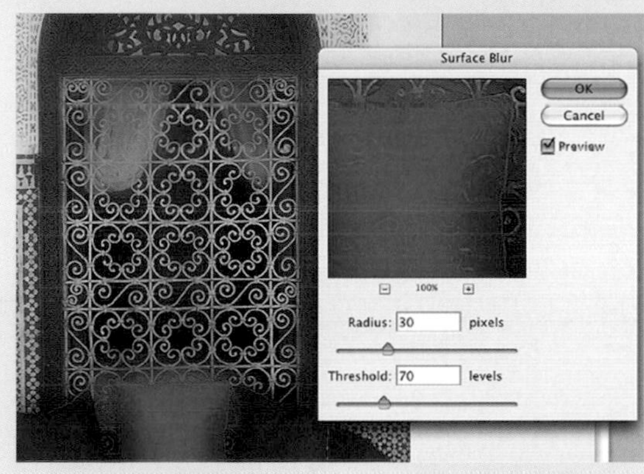

利亞艾尼賈，馬拉克茲，摩洛哥
(Riad Enija, Marrakech, Morocco)

我在走過利亞艾尼賈的一處庭院時，畫面中這張鮮豔的桃紅色沙發吸引了我的目光。這樣奪目的色彩從淺色背景中突顯而出，沙發的位置也經過特殊安排，讓它在畫面中發揮最大效果，形成完美的構圖。在加進一種柔焦光輝後，讓僵硬的線條變得柔軟一點，為這張照片增加額外的氣氛。

相機：Nikon F90x / **鏡頭**：28mm
軟片：Fujichrome Sensia II100

step4

這一次我選擇變亮(Luminosity)的混合模式。一開始，我發現這個影像沒有出現太大變化，但在把不透明度減少到60%，原始影像的某些銳利感就開始呈現出來。

變亮的混合模式創造出來的效果，和在相機鏡頭前加上柔焦濾鏡十分相似。

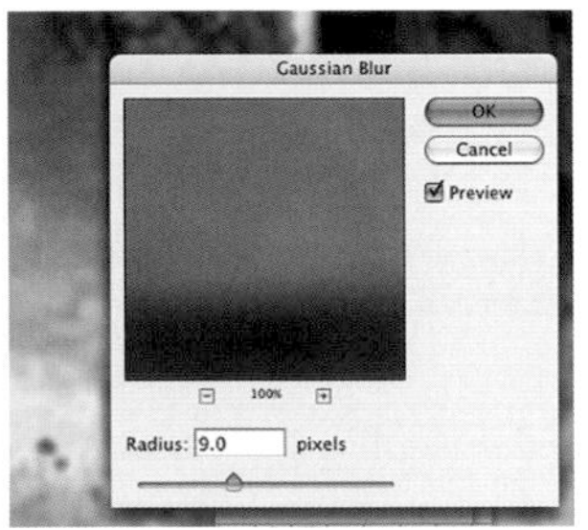

step5

我發現這個影像可以容忍更大的擴散度而不會損失太多細節，所以，我把複製圖層的高斯模糊設定強度為9.0畫素，接著使用正常混合模式，將這兩個圖層合併，並設定不透明度為60%。

增加高斯模糊強度後，會替影像增加一種夢幻式的光輝。
這是此系列照片中，我最喜歡的一張。

廚房窗前的鬱金香

逆光主體最適合用柔焦效果處理，這樣製造出來的「光暈」更為明顯。以這個例子來說，我把複製圖層的高斯模糊強度設為9.0，使用變亮模式混合圖層，並設定不透明度為80%，用來製造出我想要的效果。

相機：Nikon F90x
鏡頭：105mm微距鏡頭
軟片：Fujichrome Sensia 400 ISO1600，增感兩級

夢幻式的雙重曝光

如果你前往Photoshop裡的濾鏡下拉選單，並選取最下方的其他(Other)，其中有個選項為最大(Maximum)。我決定拿這個來進行實驗，結果發現，這是製造出柔焦效果的另一種快速而有效的方法。

跟平常一樣，使用你的原始影像複製一個圖層。接著，前往濾鏡 > 其他 > 最大(Filter > Other > Maximum)，並且設定不同的強度滑桿來進行實驗。以這張影像來說，強度10畫素就會產生很好的效果。我所要做的只是用正常混合模式來混合圖層，並且調整不透明度，直到我對螢幕上呈現的影像感到滿意。最後呈現出來的效果，類似對同一張軟片的相同主體進行兩次曝光——一張是對焦正確，另一張則是失焦——如此一來，失焦的影像就會在銳利影像四周產生一圈光暈。

威尼斯的鳳尾船，義大利

最大(Maximum)濾鏡會製造出迷人的柔焦效果，你還可以把這個濾鏡的強度推到最大，而使最後呈現出來的影像產生失焦的效果。

相機：Nikon F90x / **鏡頭**：80-200mm
軟片：Fujichrome Velvia 50

S Solarization 中途曝光

中途曝光，也被稱作「薩巴帝爾效果」(Sabatier effect)。這是在傳統用藥水沖印的暗房裡，在顯影過程中，讓相紙或軟片在燈光下曝光，讓它有部分變得模糊。這會使得尚未顯影的其餘部分變黑，其他的色調則會反轉，如此一來，就會產生一種局部負片的效果，並產生一些細線條——這被稱作「麥基線條」(Mackie lines)——出現在亮部與暗部之間的邊界。

這種中途曝光的現象是在1920年代被意外發現的，有人在暗房裡開亮一盞電燈，卻不知道當時還有一張照片正在顯影階段。美國先驅攝影師曼．雷伊(Man Ray)是最早把這項技術應用在作品上的攝影師之一。今天，使用Photoshop來製造這種中途曝光的效果相當容易，而且還讓我們有很多種選擇來變化最後呈現出來的效果。

但中途曝光也會損失影像細節，所以，最好使用單純、形狀大膽和線條強烈的影像。

需要什麼

- 精選幾張彩色或黑白照片。你可以把彩色照片轉成黑白，並存成任何影像模式，包括灰階。方法1和方法2都是假設這些影像存成RGB檔。

怎麼進行

方法1 使用中途曝光濾鏡

Photoshop讓你只要點一下滑鼠就可以完成很多工作。雖然這並不一定是最好的方法，但當你開始嘗試使用數位影像技術時，這肯定可以節省你不少時間和精力。

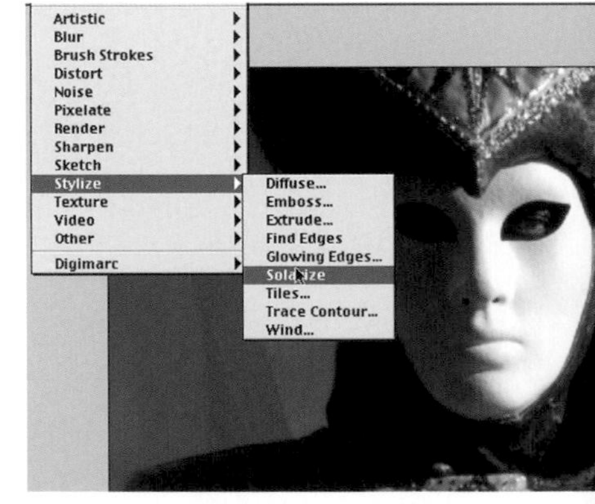

以中途曝光這個功能來說，只要幾秒就可以看到它的效果。打開你選好的影像，然後選擇濾鏡＞風格化＞中途曝光(Filter＞Stylize＞Solarize)。沒有控制項目供你使用，Photoshop會自動替影像加上中途曝光的效果。

嘉年華會，威尼斯，義大利
如果你一開始就選了正確的影像(請看對頁的原始影像)，使用中途曝光濾鏡後，也許馬上就可以產生你所希望的效果。如果不是的話，你隨時可以調整色階或色版混合器，看看能不能獲得理想的效果，我在這兒就是這麼做的。
相機：Nikon F5
鏡頭：80-200mm
軟片：Ilford FP4 Plus

舊瓶子
這三張照片讓你了解到，不管是黑白或彩色照片，都能夠創作出有趣的中途曝光效果。原始照片的這兩種曝光過度版影像，都是使用Photoshop的中途曝光濾鏡創作出來的，只有在最後階段調整了一下它們的色階。以黑白影像版來說，首先把原始彩色照片轉成單色。如果你對中途曝光彩色照片的顏色不滿意，只要前往影像 > 調整 > 色相/飽和度(Image > Adjustments > Hue/Saturation)，並且調整色相滑桿，就可以改變顏色。
相機：Olympus OM4-Ti / **鏡頭**：50mm / **軟片**：Fujichrome RDP100

方法2 使用曲線

中途曝光濾鏡也有它的缺點，因為它沒有可以變化的選項讓你來操控。不過，另外還有別的方法──如果使用曲線來創作中途曝光效果，對於最後呈現出來的影像，你可以作更多的變化，讓你更有操控感。以下加以說明。

國會大廈前的騎士像，倫敦
原始影像是彩色照片，但我覺得，如果轉成黑白，效果應該也不錯。
相機：Pentax 67 / **鏡頭**：200mm / **軟片**：Fujichrome Velvia 50

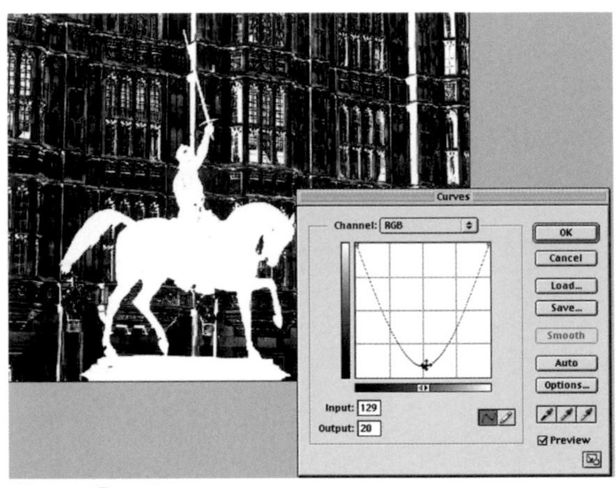

step2

點住曲線左下端不放，把它向上拉到左上端，影像將會變白。接著，點曲線的中間點，把曲線向下拉。這會使得影像的色調反轉，使它看起來好像負片一樣──請注意，雕像剪影會變成白色。

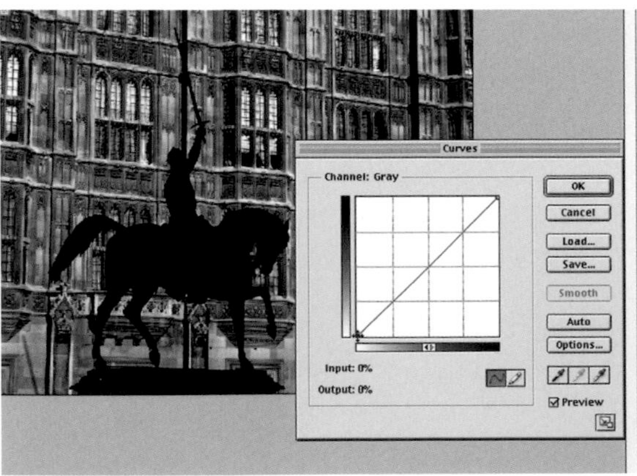

step1

打開你選好的RGB影像，選擇視窗 > 圖層(Window > Layer)，打開圖層面版，然後點選面版最下方的新增調整圖層圖示，並且選擇曲線。這將會打開如這兒所顯示的曲線對話框。

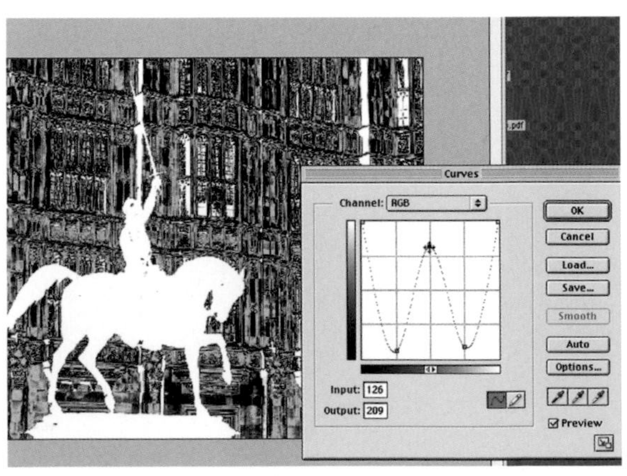

step3

現在把曲線左右兩端向下拉到底，再在左右兩邊的中央各點一下，再把最中央那一點向上拉，左右兩端也向上拉，讓曲線呈現出像英文字母W。這應該可以讓你獲得相當不錯的中途曝光效果，但你可以再進一步調整曲線，把影像的效果微調一下，如果有必要的話，還可以進一步調整色階。

下面這張小影像呈現出最後的中途曝光模樣。這個效果看來不錯，但我不確定把雕像調成白色是否妥當，所以，我決定反轉色調，使用圖層＞新增調整圖層＞反轉(Layer＞New Adjustment Layer＞Invert)，將影像的負片色調變成正片色調。

賣水人，馬拉克茲，摩洛哥 (Watersellers, Marrakech, Morocco)
這張照片的原始影像是反差很大的黑白照片，但我覺得，只要再加進中途曝光的效果，就可以讓它的構圖進一步簡化，並增加張力。我使用方法2來完成。
相機：Hasselblad XPan / **鏡頭**：45mm / **軟片**：Ilford HP5 Plus

T Textured Images 紋理影像

我一直很喜歡繪畫式的影像。多年來，我嘗試過很多種攝影技法，使我得以創作出多幅介於攝影與繪畫之間的照片。

最簡單的方法就是使用快速軟片來拍攝，並且使用它們的粗粒子特色來傳達出一種點彩畫的感覺。在暗房裡，你可以作更進一步的發揮，就是把影像印在各種不同的素材上，像是隔油紙或塑膠便條紙。你也可以用黑白軟片拍攝有紋理的表面，拿它當作有紋理的背景，接著把負片和你的軟片夾在一起，將它們一起沖印，如此一來，紋理效果就會出現在影像中。

但是，在數位暗房裡，你甚至有更大的選擇。你不僅可以嘗試各種不同的紋理，看看哪一種的效果最好，同時也可以控制要讓紋理發揮多大的影響。下面幾個例子，可以讓你了解，Photoshop可以在這方面發揮多少功效。

需要什麼

■ 幾張精選的彩色或黑白照片，可以在加進紋理效果後顯得更出色。另外還要準備一些紋理影像——你可以拍攝一些素材的表面如水泥、石頭，或是掃描一些紋理素材，像是隔油紙。

怎麼進行

方法1 製作一個紋理屏幕

以這個例子來說，我想要把隔油紙的紋理加進黑白照片裡。我在傳統暗房裡使用這個技法已經好幾年，作法是把隔油紙放在放大機底板的一張相紙上，然後把負片曝光到它上面。在Photoshop裡製作這種效果，則更為簡單。

step 1

取一張隔油紙來裁剪——以這個例子來說，要裁剪成15×12公分大小——使用平台掃描器，以高解析度(300ppi)掃描。這會產生一張陰暗、灰色的影像，如圖所示。在使用這張影像之前，你也可以對它作些改變，像是用調整色階來增加對比，但我選擇不去變動它。如果你沒有平台掃描器，可以使用數位相機把它拍攝下來，然後把影像檔傳輸到電腦裡。

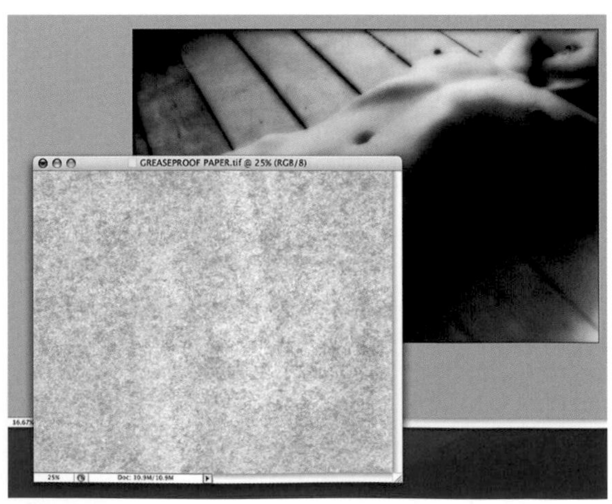

step 2

開啟你選好的影像，然後打開紋理影像，讓你可以在螢幕上看到這兩個影像。我選擇這張裸女影像，因為這位模特兒的身體構成很強烈的形狀，在加進紋理後，仍然可以明顯看出。這張原始黑白照片是透過柔焦濾鏡拍攝的，讓影像擴散開來，讓它看來更有氣氛。我把這張照片掃描，並且加進輕微的藍色調。

step3

點選紋理影像，然後再點Photoshop工具箱裡的移動工具(Move tool)。把紋理影像拉到主影像上，放開。若這個影像比主影像小，前往編輯＞變形＞縮放(Edit＞Transform＞Scale)，把它擴大到至少跟主影像同樣大小。如果它已經比主影像大，你可以不去理它。

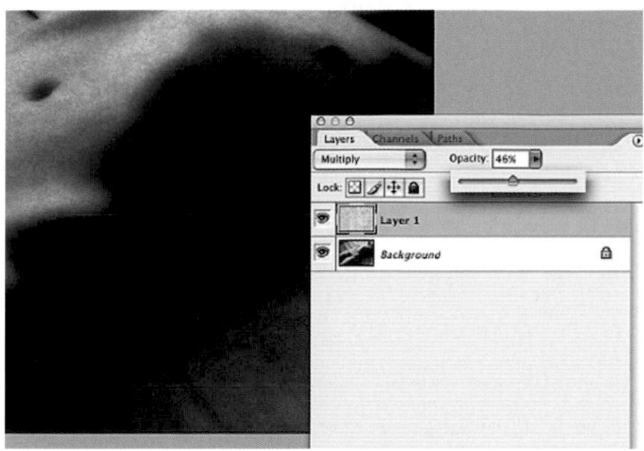

step4

前往視窗＞圖層(Window＞Layers)，打開圖層面版，你會看到主影像和紋理影像是兩個個別的圖層。點紋理影像的圖層，然後把混合模式從正常改變為其他模式之一。通常，在這種情況下會選擇色彩增值(Multiply)，但可以試試其他模式──也許你看了會喜歡。柔光(Soft Light)和實色疊印混合(Color Blend)這兩種模式的效果也不錯。不管你最後選哪種模式，你肯定需要減少紋理圖層的不透明度，如此它才不會蓋過主影像。移動滑桿，把不透明度降到30至40%。如果你覺得影像的色調不太對，可能也需要調整一下色階。

原始影像

裸女

從這兩個例子可以看出，紋理影像的效果已經加在原始影像上。對第一張影像，我使用色彩增值作為混合模式，並把不透明度調到很低(30%)，所以紋理很微少。對第二張影像，我使用加深顏色(Color Burn)作為混合模式，並稍微提高不透明度(40%)，以產生一種較暗而陰鬱的效果。

相機：Nikon F90x／**鏡頭**：28mm／**軟片**：Fuji Neopan 1600

色彩增值模式

加深顏色模式

德拉沃爾館，蘇塞克斯，英國
(De La Warr Pavilion, Sussex, England)
想要把紋理效果加進這張高反差照片，我再度掃描一張隔油紙，但在這之前，我先把這張紙揉成一團，再把它攤開，讓它滿是皺痕。我接著調整色階，讓這張影像的反差更高，讓皺痕更為明顯。這會製造出一個更明顯的紋理或圖案，方法是把圖層的混合模式從正常變為柔光模式，並調整不透明度。等到我對這個效果感到滿意了，我接著使用第14-15頁介紹的方法，為這個影像加進一個黑色邊框。
相機：Nikon F5 / **鏡頭**：20mm / **軟片**：Ilford FP4 Plus

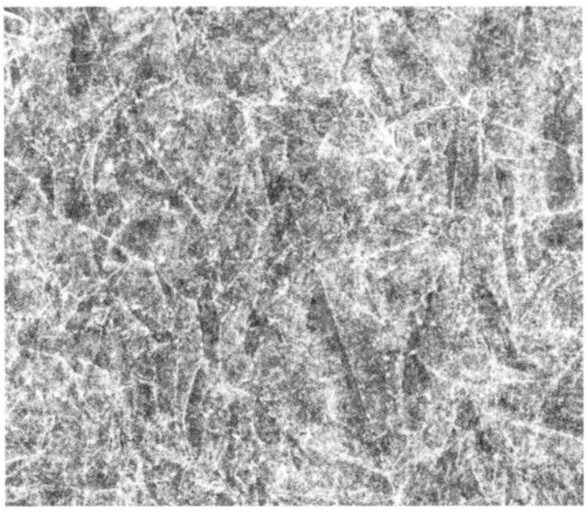

方法2 使用一張照片來加進紋理

如果不想製造紋理屏幕，可以試著從你的相簿中找找看，也許有一些現成的影像可以用來當作紋理屏幕。以這個例子來說，我找到幾年前在一家玻璃回收廠拍攝的一張照片，內容是一大堆碎玻璃，我覺得效果應該不錯。我先把它掃描，再處理如下：

step1

打開選好的紋理影像，複製，如果必要的話，再裁剪。以這個例子來說，我把碎玻璃的一個區域裁剪出來，讓它成為一個有趣的圖案。影像右上角落有一個不協調的白點，但我用仿製印章工具很快地把它修掉。

step2

為了不讓紋理影像的顏色從底下顯示出來，在未作任何處理之前，你應該先替它除去飽和度，使用影像＞調整＞去除飽和度(Image＞Adjustments＞Desaturate)。

step3

現在，打開你想加進紋理的那張影像，把兩張影像併排放在桌面，使用移動工具把紋理影像拉過來，蓋住主影像。調整大小，使用編輯＞變形＞縮放(Edit＞Transform＞Scale)，調整完後按下確定。接著，進入圖層，把紋理影像圖層的混合模式改為柔光，並調整不透明度。

英文字母

這些分別是玻璃回收廠照片的裁剪部分、原始的英文字母影像，以及它們兩個圖層混合後的結果。我也在最後階段增加顏色飽和度，並調整亮色階，讓白色背景更雪亮。雖然我一開始並沒有這樣打算，但我最後不得不承認，這些塑膠英文字母看起來就像糖果。

相機：Nikon F90x / **鏡頭**：105mm微距鏡頭

軟片：Fujichrome Sensia II100

T Toning Prints 染色沖印

在黑白攝影中，染色是很重要的部分，它讓你在影像中加進一種全面性的色調(需要的話，可以加進一種以上的色調)。

最流行的色調是深褐色。從維多利亞時代留存下來的照片，經常是深褐色色調，因此，這樣的照片最適合加進這種歷史、古老的感覺。藍色、銅色和綠色是最常使用的，硒紅色和金色也是──後面這兩種顏色最適合用在古老照片上。

傳統沖印是用化學藥水來調色，這樣的處理過程很麻煩且耗時，而且，有時要花很多錢。但是，跟很多其他攝影技術一樣，這種染色效果也可以用數位方法來達成，而且對於最後呈現出來的效果可以掌控更多的變化。

數位染色也可以讓你達成用化學方法作不出來的效果，而且只要調整一下Photoshop裡的幾個控制項目就可以了。就算在過程中發生錯誤，也可以很容易地改正過來，這是化學染色辦不到的，而且你還可以對一個影像一直進行處理，直到你對結果滿意為止。

需要什麼

■ 一張除去飽和度的RGB影像，不要把它轉成灰階，因為這樣會除掉所有的顏色資訊而無法進行染色。

怎麼進行

方法1 使用曲線

替一張影像染色，最簡單的方法就是在Photoshop裡使用曲線。在打開你的影像檔後，前往圖層選單，選擇圖層＞新增調整圖層＞曲線(Layer＞New Adjustment Layer＞Curves)，如此一來，所有染色效果都只會出現在圖層裡，而不是主影像。接著，前往色版(Channel)選項，預設的選項是RGB，但你可以選紅色、綠色或藍色。調整這些個別的曲線，可以讓你創造出不同的色調效果。

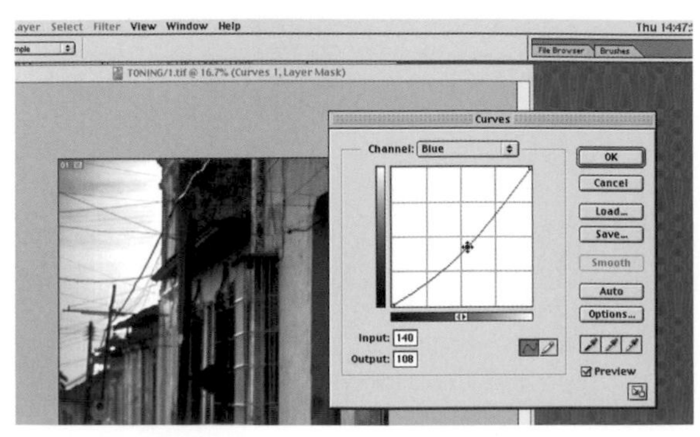

深褐色調： 選擇藍色色版，把曲線稍微拉向右下。影像這時看起來會呈現黃綠色，所以接著選綠色色版，把曲線向右拉，

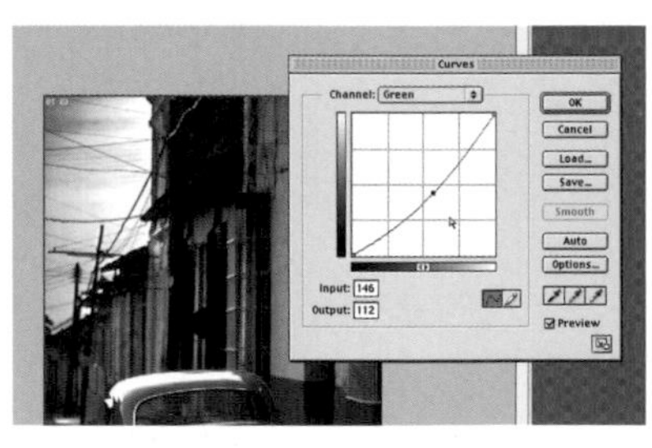

讓影像出現紫紅色。這時候的影像將會呈現棕色。最後，選紅色色版，把曲線稍微拉向左邊的紅色，讓它產生很漂亮的深褐色。曲線可以從中間拉，如圖所示，或者也可以把它定在某一點上，讓你只能調整亮部、中間色調或暗部的顏色。在加深色調時，這是很方便的技術(請參閱第151-153頁)。

銅色色調： 重複深褐色色調的步驟，但必須把紅色曲線更拉向紅色，才能創造出這種效果。

藍色色調： 在曲線裡選擇藍色色版，然後把曲線往左拉向藍色區域──曲線拉得愈多，藍色色調愈明顯。記住，在每個例子裡，你都可以調整顏色的深度，只要前往影像＞調整＞色相/飽和度(Image＞Adjustments＞Hue/Saturation)，然後移動飽和度的調整滑桿。

千里達，古巴
這是尚未染色的原始黑白照片，我把它存成RGB影像。
相機：Nikon F5
鏡頭：80-200mm變焦鏡
軟片：Ilford HP5 Plus

深褐色色調會產生一種迷人而溫暖的影像顏色，最適合舊時代場景。

藍色色調的寒冷感覺也不錯，你可以把這個色調調得很淡。

我較喜歡不太強烈的色調效果，因為這樣更有氣氛。以這張照片來說，我先把它調成深褐色調，接著，再減少顏色濃度，使用的是Photoshop的飽和度功能──影像＞調整＞色相／飽和度。

方法2 使用色相/飽和度

替黑白照片染色，有一個既快速又容易的方法，就是選擇影像>調整>色相/飽和度。當對話框彈出時，點一下上色(Colorize)小方塊。接著，就可以調整色相和飽和度滑桿，直到你對呈現出來的效果感到滿意為止。調整色相會改變影像的實際顏色，調整飽和度則會使顏色變濃或變淡。這兒的幾張照片，可以讓你看出，你可以作出多少種不同的效果，濃淡隨你喜歡而定。

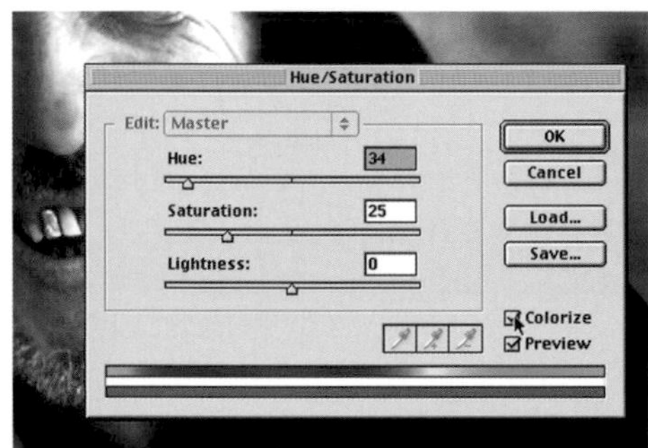

艾本哈杜的守衛，摩洛哥 (Guardian of Ait Benhaddou, Morocco)
這是我選來染色的原始黑白照片。以下是在設定不同的色相與飽和度後，所呈現出來的效果。
相機：Nikon F5 / **鏡頭**：80-200mm變焦鏡 / **軟片**：Ilford HP5 Plus

色相：40 / 飽和度：20　　色相：0 / 飽和度：40　　色相：30 / 飽和度：65

色相：20 / 飽和度：20　　色相：200 / 飽和度：25　　色相：100 / 飽和度：15

方法3 分割色調

除了替黑白影像加進單一顏色，例如深褐色，也可以替同一張影像加進一種以上的不同色調。這通常被稱為分割色調(Split Toning)。

在傳統暗房裡，分割色調的關鍵在於把染色劑施用在影像的不同部位裡，如此一來，它們就會彼此相互混合，而不是相互排擠。

例如，深褐色調色劑會先影響亮部，接著是中間調，最後則是陰影；而藍色調色劑則先影響陰影，最後才是亮部。因此，如果你替一張影像加進深褐色色調時，使用了建議時間的20%至30%，只有亮部和較亮的中間調部位會被加進深褐色色調，陰影則完全未受影響。如果同一張照片接著澈底沖洗，並且加進部分藍色色調，陰影就會出現一種冷冷的藍色色調，並和深褐色的亮部形成很好的對比，中間調則會呈現藍綠色。

想要用數位方法達成這種效果相當容易，因為你可以「鎖住」一個影像的亮部和陰影，如此一來，只有影像的某些部位會受到影響。還有，因為沒有發生化學過程，所以你可以調製出種類更多的顏色——在傳統暗房裡，只有很少種類的調色劑可以使用，對照片影像的影響也相對有限。以下介紹如何創作出深褐/藍色分割色調。

舊腳踏車，馬拉克茲，摩洛哥
(Old Bikes, Marrakech, Morocco)
這是原始、尚未上色的黑白照片。
相機：Hasselblad XPan / **鏡頭**：45mm / **軟片**：Ilford HP5 Plus

這是在完成第1步後呈現出來的影像——請注意，只有亮部與較亮的中間調呈現溫暖的深褐色調。請翻到下一頁，可以看到最後成果的影像。

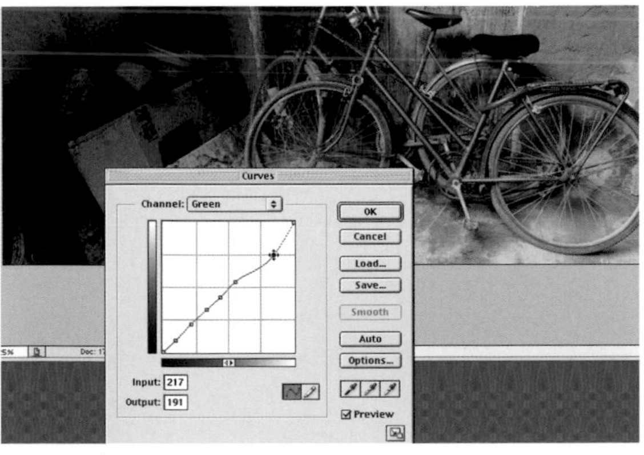

step 1

在Photoshop裡開啓你的影像，然後選擇影像 > 調整 > 曲線。在曲線對話框裡，在色版選單中，選擇藍色色版。在調整這個色版之前，先把陰影和較暗的中間調區域鎖住，作法是分別在曲線的相對位置上點一下，將它固定住。完成後，按照第148頁的方法創作出深褐色色調。

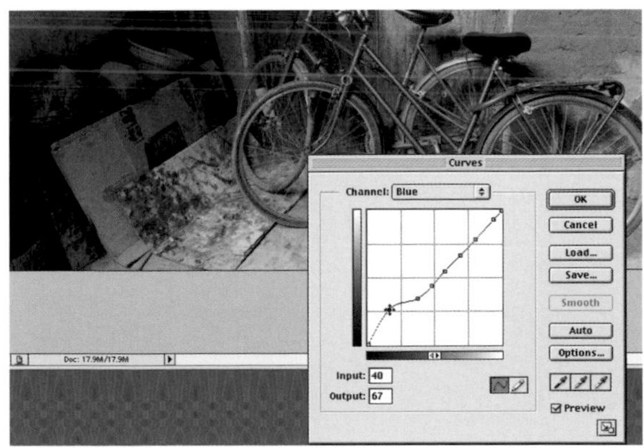

step 2

當你對亮部和中間調的部分深褐色色調感到滿意之後(記住，必要的話，可以使用色相/飽和度功能調整色調的色階)，選擇藍色色版。接著，點擊曲線的幾個點，固定住亮部和較暗的中間調，如圖所示。然後把曲線的陰影部分向左拉，如此一來，陰影就會呈現出一種藍色色調。

最後的影像則會呈現出深褐色亮部、藍色陰影和藍/綠中間色調。我故意把色調調整得很濃烈，因此，效果就變得相當明顯，但你也可以調出比較清爽的效果。數位分割色調的方便之處就在於，萬一出錯，隨時都可以修正，但如果是用化學藥水來處理，只要在任何階段搞砸了，一張高品質的照片就要扔進垃圾桶了。

方法4 使用色彩平衡

替黑白照片創作出分割色調，有一個較快速和更容易的方法，就是在調整圖層裡替亮部和暗部調整色彩平衡。以下介紹我如何創作出這張，犀牛照片的深褐色/藍色分割色調。

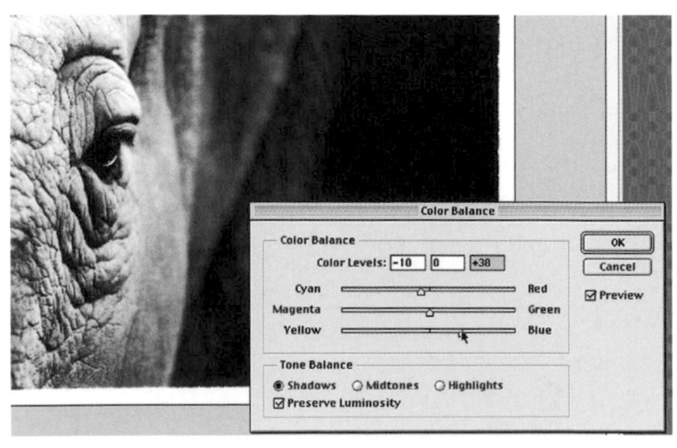

step1

開啓選好的影像，並打開圖層面版。點一下圖層面版底部的新增調整圖層圖示，並選擇色彩平衡。這時會出現一個對話框。在色調平衡選項裡，點選陰影(Shadow)，然後向右移動黃/藍滑桿，並且向左移動青/紅滑桿，替陰影部位加進藍色。按下確定，然後在圖層面版裡雙點擊調整圖層圖示，並重新命名為「Shadows」(陰影)。

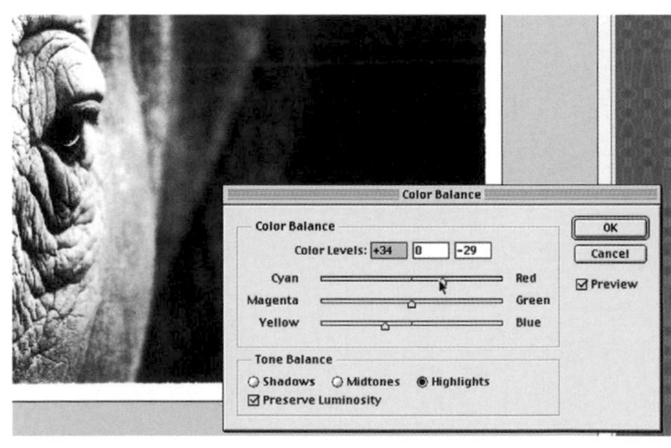

再度點一下圖層面版底部的新增調整圖層圖示，並選擇色彩平衡。這一次，在色彩平衡對話框裡的色調平衡選項點選亮部，並且向左移動黃/藍滑桿，另外則把青/紅滑桿向右移動，以便對亮部加進深褐色調。

到這兒就算大功告成。你也可以再試試各種不同的混合模式，用來調整深褐色和藍色色調的合方式，但這並不是必要的。如果你覺得最後呈現出來的色調太濃烈，也可以選擇影像＞調整＞色相／飽和度，稍微減少飽和度。

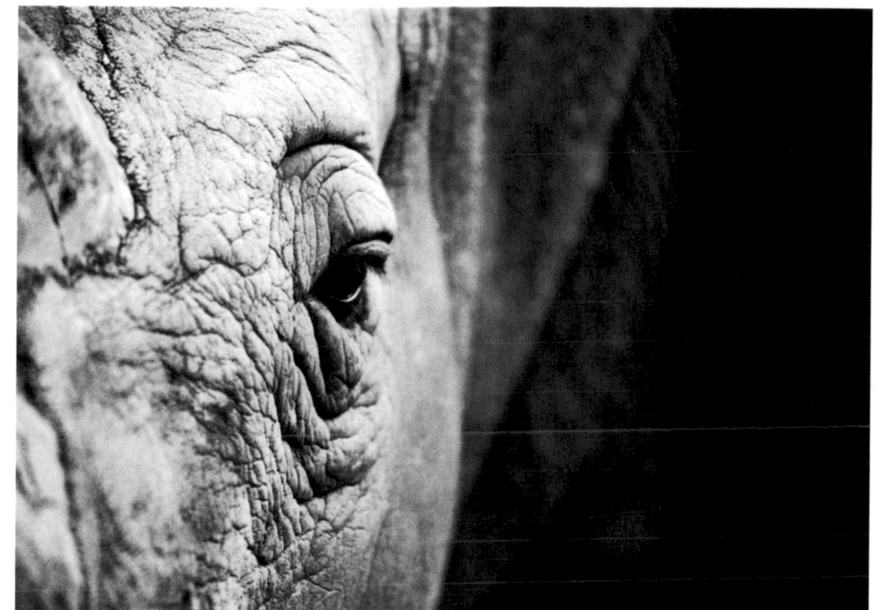

犀牛，愛丁堡動物園
右邊的犀牛照片是尚未染色的原始黑白照片，下面這張照片則是深褐色與藍色分割色調的版本，是使用圖層和色彩平衡功能創作出來的。這比曲線調整法有更多變化，也比較快。
相機：Nikon F5
鏡頭：80-200mm變焦鏡頭
軟片：Ilford HP5 Plus

Z Zoom Effects 變焦效果

為了方便，攝影人主要都使用變焦鏡頭——兩支變焦鏡頭可以取代六支或更多的定焦鏡頭。使用變焦鏡頭也可以玩出很多花樣。在曝光期間調整焦距，並且使用較慢的快門速度，就可以替你的拍攝主體記錄下五彩繽紛的爆炸式條紋，因而創作出充滿動感和衝擊力的影像。

想要創作出正確的效果需要耐心，而且出錯的機率極高，因為你變動焦距的速度，以及變動焦距的順暢度，都會對最後呈現出來的影像產生很大的影響。

幸運的是，現在使用一種很簡單的Photoshop濾鏡，就可創造出足以假亂真的變焦影像。事實上，坦白說，我從此再也不用傳統方法來拍攝變焦影像——數位處理方法可以有更多變化，還可以預測最後的成果，也更容易。這也可以讓你從電腦中挑選出已經拍好的照片，用數位手法來創造出這樣的效果。

需要什麼

■ 變焦效果適用於彩色與黑白照片，但我比較喜歡使用彩色照片，因為可以呈現出更豐富的動態感。最理想的是選用形狀和色彩大膽的照片，即使在套用了變焦效果之後，仍然可以清晰辨識出主體。

怎麼進行

step 1

我在拍攝這張照片時移動了相機，以便增加動感，但我覺得還是可以再替它加進更多的動感——我很明白，不管我加進怎麼樣的效果，畫面中那些鮮紅色的制服仍然相當突出，讓大家一眼就可看出他們是什麼人。

step 2

前往濾鏡＞模糊＞放射狀模糊(Filter＞Blur＞Radial Blur)。在彈出的對話框裡，你會看到，有兩種模糊方式可供選擇——迴轉(Spin)或縮放(Zoom)。還有一道滑桿，讓你可以調整模糊的總量。先從低量開始，看看會出現什麼效果。我在這兒設為20。

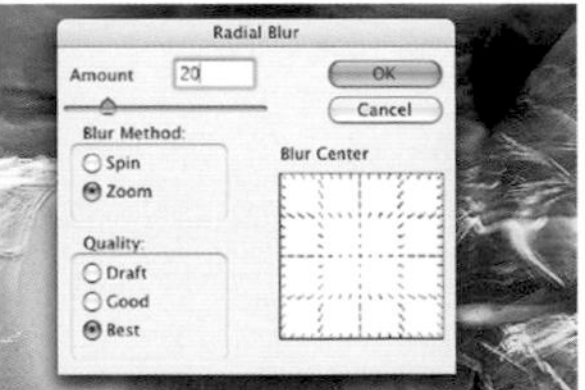

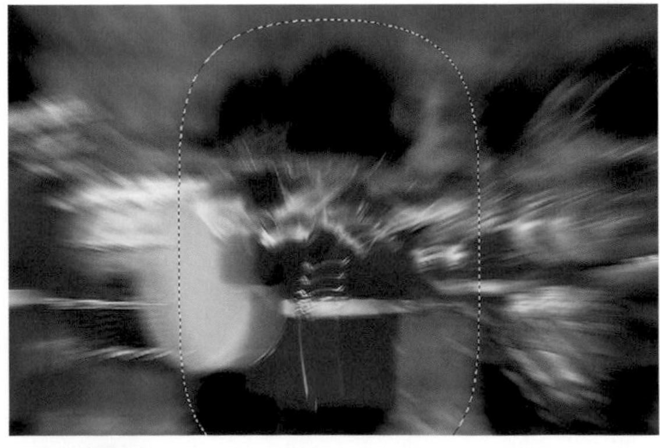

step 3

你用不著把變焦效果套用在整個影像上。以這個例子來說，我在對整個影像進行變焦處理之後，決定改而把照片中間的區域分離出來，然後再把以外的全部區域變焦。想要作到這一點，我使用矩形選取畫面工具(Marquee tool)進行選取，把羽化程度設為100畫素，以確保接縫處不會明顯。我接著使用選取＞反轉(Select＞Inverse)，把選取部分反轉過來，然後對除了中間區域以外的全部區域進行第二次變焦處理。這會產生更為真實的變焦效果，因為當你使用變焦鏡頭時，畫面中央區域通常不會像影像中的其他區域那麼扭曲。

禁衛軍換崗，倫敦，英國

你可以看得出來，放射狀模糊對這張照片產生什麼不一樣的變化。這張影像的動感本來就很強烈，歸功於我當初拍攝時是採取搖攝手法，但差加進變焦效果後，感覺甚至更棒——鮮豔的條紋好像射向相機，光是看它一眼，就讓我覺得暈眩。

相機：Nikon F90x / **鏡頭**：80-200mm變焦鏡頭 / **軟片**：Fujichrome Velvia 50

內姆魯特山的人頭石像，卡帕杜奇亞，土耳其 (Head on Mount Nemrut, Cappadochia, Turkey)

這座巨大的古代國王石頭頭像，是在幾個世紀前雕刻的，目前仍然聳立在土耳其的一座山頂上。我覺得它看來有點詭異，所以故意靠得很近拍攝，希望拍出一張很有震撼力的人像作品。在加進變焦效果後，使它顯得更嚇人。跟以前一樣，我只對整個影像加進少量的放射狀模糊(5.0)，接著再選取包含眼睛和鼻子的中間區域，反轉選取區，然後套用較大量的模糊(25)到影像的其餘部分。

相機：Nikon F90x

鏡頭：28mm

濾鏡：偏光鏡

軟片：Fujichrome Velvia 50

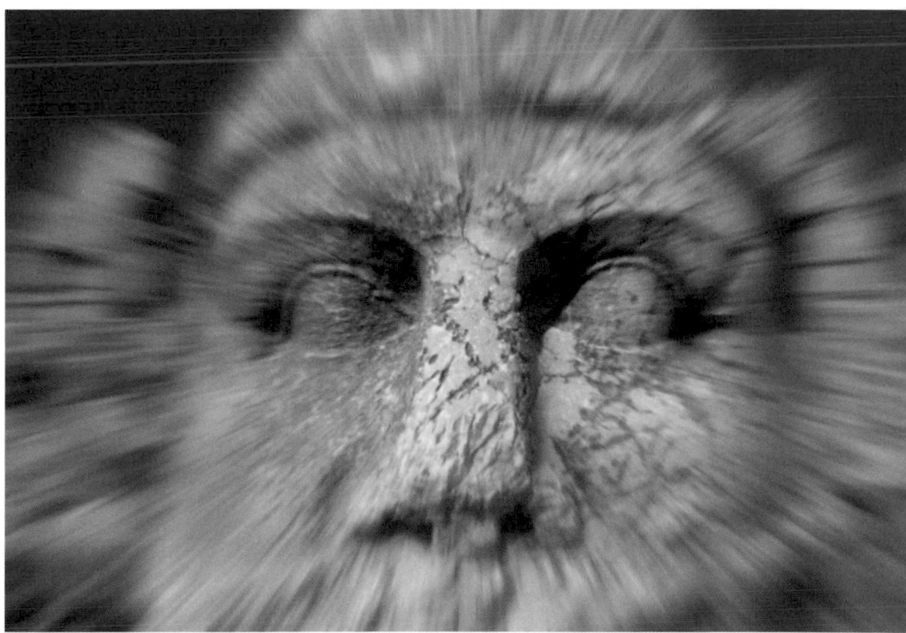

Glossary 名詞解釋

數位影像時代的來臨，造就了許多全新的語言、文字與術語，在專家聽來，完全可以了解它們的意思，但對初學者來說，則會十分困惑。因此，如果你對本書中的一些文字和名詞感到困惑，請你看看以下的說明和解釋，就會得到答案。

Action 動作
指的是被記錄下來的Photoshop一連串調整動作，如此就能把它們自動套用在一張以上的影像上使用，可以節省時間。

Adjustment layer 調整圖層
影像中的一個圖層，可以用來編輯和改變它下面的圖層外貌。

Aliasing 鋸齒邊緣
數位影像邊緣呈現的鋸齒狀，這是畫素的正方形形狀所造成的──在把影像放得太大時，就會看到影像的直線和曲線邊緣出現這種現象。

Application 應用軟體
設計來讓電腦執行特定工作的軟體。例如，Photoshop就是一種影象編輯應用軟體。

Artifacts 色塊
影像中的瑕疵，類似馬賽克，會降低影像品質。當影像壓縮過度時，常會出現這種情況。

Background printing 背景列印
這是電腦的多功工作功能。電腦在列印一張照片或文件時，使用者可以繼續使用相同或不同的應用軟體。

Batch processing 批次處理
將同樣的一套調整工作或指令套用在好幾張影像上，以節省時間。最常用來處理從數位相機上取下的影像，或是用來傳送上網的多張影像。

Bit 位元
二進位資料的最小單位。8位元形成一個位元組(byte)。

Bit depth 位元深度
數位影像的每一個畫素中的色彩資料位元數──像是8位元或16位元。通常也被稱作色彩深度(colour depth，色深)。

Bitmap image 點陣圖像
這種影像的畫素排列，很像棋盤裡的方格。在這種影像的畫素或更小的影像單位裡，可以看到它們有連續性的色調──就像照片一樣。

Blending mode 混合模式
Photoshop的一種設定，可以讓你把兩個圖層合併，因此其中一個圖層的畫素會影響到它下面圖層的畫素。不同的混合模式會創作出不同效果。

Blown out 慘白
這個術語主要被用來描述一個影像的某些部位──通常指沒有記錄到任何細節的亮部。多半是曝光過度造成的。

Byte 位元組
8個位元連結起來形成一個位元組。位元組是電腦使用的一種單位，用來說明記憶容量和資料大小。

Calibration 校正
調整、校正螢幕、掃描器和印表機的過程，讓這些硬體可以彼此協調工作。

Card reader 讀卡機
連結電腦的一種裝置，有一道小插槽，可以插入相容的記憶卡，讓使用者可以把數位影像傳輸到電腦──功能就像一個小磁碟機。

CCD 感光耦合元件
這是數位相機和掃描器的感光元件，能把光線變成電子訊號，並把影像記錄成數位型式。

CDR 可燒錄光碟
可以燒錄的光碟，用來儲存數位資料，如影像或音樂檔。必須使用電腦的燒錄機，才能把這些資料「燒進」光碟裡。可燒錄光碟是很便宜的資料儲存方式──每一片光碟最多可以儲存850MB的資料。

CDRW 可覆寫燒錄光碟
可以重複讀寫的光碟──儲存功能跟可燒錄光碟一樣，但可覆寫燒錄光碟可以重複使用好幾次，而可燒錄光碟只能燒錄一次。

Channel 色版
數位影像的色彩。RGB影像有三種色版──紅、綠和藍。

Cloning 仿製
複製影像的某部分畫素，然後把它們貼到影像另一部分的過程。最常用來掩飾污點，像是灰塵、刮痕，或是蓋住不想要的影像，如電線。

CMYK Image CMYK影像
四種顏色組成的影像模式，用在高品質印刷上，像是雜誌。這種影像包含青(C)、洋紅(M)、黃(Y)和黑(K)四個圖層。

Colour management 色彩管理
確保像螢幕、掃描器和印表機等裝置在校正後，印出來的影像就跟在螢幕上所看到的完全一樣的色彩處理過程。

Compression 壓縮
把影像檔縮小的一種方法，使用電腦的運算法則來製造出畫素組合的「色譜」，但並沒有減少影像的實際畫素大小。但失真壓縮模式(lossy format)則會以丟棄資料的方式來達到壓縮檔案的目的。

Contrast 對比，反差
在一張影像中，從亮部到陰影的色調範圍。高對比(反差)影像的色調範圍較低對比影像來得廣。

CPU 中央處理器
中央處理器(Central Processing Unit)，這是電腦的引擎，負責修正一張影像所需要的計算工作。

Curves 曲線
Photoshop的一種影像處理工具，讓你可以調整一張影像的個別色版(紅、綠和藍色)，或所有色版總和的色彩、對比和明暗。

CRT 映像管顯示器
傳統設計的電腦螢幕，就像電視機螢幕。

Custom profile 印表機參數檔
特製的參數檔，目的在使用特定印表機、墨水和相紙的組合，以列印出最佳品質。必須要經過多次測試後，才能找出哪種墨水/相紙的組合，是印表機的最佳驅動程式設定。

Default 預設設定
應用軟體的標準設定，使用者在使用時可再加以改變。

Descreening 去網
在掃描過程中，除去文件或照片在膠印過程中產生的圖紋，像是掃描書本的頁張。

Dialogue box 對話框
使用應用軟體時，出現在螢幕上的一個視窗或視框，讓使用者可以改變設定。

Dithering 細緻過網
僅使用幾種顏色來模仿色彩和色調。噴墨印表機就是使用這種方法，把微小的色點安排成不同圖案，而創造出超過1,600萬種不同的色彩。

DIMM 雙列直插內存記憶體模組
可以裝置在電腦內的記憶體模組，用來增加電腦的隨機存取記憶體(RAM)容量。請參閱RAM。

Digital zoom 數位變焦
數位相機所使用的一種技術，讓你的主體看來更大，但不是光學放大主體，而只是放大影像的某一部分。

Download 傳輸
把資料從一個裝置移動到另一個裝置──例如，將影像從一台數位相機移到電腦或另一種儲存裝置。

Dye sublimation 熱昇華
這是一種列印技術，能將三原色的每一種顏色呈現256種漸層，因此可創造出1,677萬種色彩(256種黃色×256種紅色×256種藍色)。能夠連接數位相機的小型印表機，經常都是使用這種列印技術。

DPI 每英寸點數
掃描影像時，會用DPI來表明每吋會記錄多少畫素，更正確的說法應該是PPI(每英寸畫素)。列印時，DPI指的是每英寸會有多少墨滴落到印表紙(或相紙)上。數字愈高，列印品質愈高。

Duotone 雙色調
這是一種影像模式，使用兩種顏色的色版，讓你可以替影像加進某種色調。

Driver 驅動程式
這是一種軟體，讓電腦可以用它來操作一些外接裝置，像是掃描器或印表機。

Dynamic range 動態範圍
使用某種數位感應裝置──像是掃描器──所能擷取到的亮度範圍，數字愈高，品質愈好。攝影軟片也有動態範圍。

Feathering 羽化
可以使選取區邊緣變得更柔軟，如此一來，接縫處就不會明顯──例如，將兩個或更多影像合併，或是把Photoshop濾鏡效果加進影像的某些部位。

File extension 副檔名
檔案名稱最後面的幾個英文字母，可以讓使用者及電腦知道，這個檔案是什麼格式──例如Image.jpg或Image.tif。

FireWire 火線
一種快速資料傳輸系統，可供很多裝置使用，像是掃描器、印表機和外接硬碟。它能夠節省從電腦傳輸影像到各種裝置的時間，反過來也一樣。

Gamma 伽瑪值
用來測量及表示攝影影像的色彩對比，不管是數位、軟片或列印影像都通用。

Gigabyte 十億位元組，縮寫GB
1,000個百萬位元組。最常用來表示儲存裝置的容量，像是電腦硬碟──一個60GB的硬碟可以儲存60,000個百萬位元組。

Greyscale 灰階
含有灰色色調和黑白兩色的影像。從純白到純黑共有256個值。

Halftone 網版
大小不同的網點可以模仿色調與顏色，並可由此產生影像。報紙使用的就是網版影像。

Highlight 亮部
影像中最明亮的部分。

Histogram 柱狀圖
一種圖形，顯示數位影像中從陰影到亮部的色調範圍。

ICC 國際色彩特性聯盟
國際色彩特性聯盟(International Colour Consortium)由主要製造商組成的組織，目的在讓色彩標準化。

ICC Profile 國際色彩特性聯盟色彩特性檔
用來測量印表機或掃描器的色彩特性，以確保掃描或列印的一致性與最佳品質。

Inkjet 噴墨
印表機的一種，把細小的墨點噴到各種不同媒體的表面，而印出影像或文字文件。

ISO 國際標準組織
國際標準組織(International Standards Organization)是用來顯示軟片或數位相機感光元件的敏感程度的系統。數字愈低──像是ISO50──感光度就愈低，因此需要更多光線，才能記錄下正確影像。

Interpolation 補插點
以複製鄰近區域畫素的方式，把新畫素加進影像中的系統，可增加輸出尺寸，但不會損失品質──例如，在列印大照片或大型海報時，就要用到補插點的技術。

JPEG
這是一種檔案格式，可以減少或壓縮影像檔的大小，方法是除去沒有用到的色彩資料，但不改變影像的畫素大小。可能會因為轉檔軟體不同，而影響到影像品質。

Kilobyte 千位元組，縮寫K或KB
千(實際是1,024)位元組的數位資訊。

Layered image 圖層影像
Photoshop製造出來的影像，由一個以上的圖層組成，每個圖層都對最後呈現出來的影像的外表作出一些貢獻──像是某種濾鏡效果。

Layer opacity 圖層不透明度
Photoshop製造出來的影像圖層的透明程度──可以調整的範圍，從0到100%，用來控制下面圖層的可見度。

Levels 色階
Photoshop的工具之一，讓使用者可以調整影像的亮度和對比。

Lith 高反差
一種傳統印刷技術，先將相紙大略曝光過度，接著，再以高反差顯影劑作低度曝光不足，因而產生高反差、色彩迷人的相片。

Lossy 失真壓縮檔
這是一種檔案格式，以損失部分資訊來壓縮檔，不同於一些不失真檔，像是TIFF。JPEG是最常見的失真檔。

Marquee 畫面選取
Photoshop的一種工具，可讓使用者選取影像的某一部分。

Masking 遮色
選取一個影像的一部分，並把這個部分遮住，因此這一部分不會受到你對影像其餘部分所作變化的影響。

Megapixel 百萬畫素
數位相機的畫素數值愈高，解析度也愈高，因此影像品質也愈高。

Megabyte 百萬位元組，縮寫為MB
1,000個千位元組(精確來說，是1,024個千位元組)的數位資訊。這是常見的測量單位，用來表示數位檔或電腦記憶體的大小。

Metamerism 同色異譜色
在不同光線照明情況下觀看，黑白照片會產生一種色差——在陽光下會呈現綠色，在鎢絲燈光下則呈現紅紫色。這種現象稱為同色異譜色。

Mid-tone 中間調
一個影像的平均色調——黑白照片的中間調就是中灰色調。

Noise 雜訊
數位影像的不規則畫素。通常當數位相機設定在高ISO，並且在光線很暗的情況下使用時，就會產生雜訊。在陰影會產生明亮顏色的畫素，因而會特別突出。

Pantone 色卡
這是國際公認的色彩辨識系統，用以確保色彩的一致性。印刷業者和平面造型設計師會使用色卡來確定印表機的某種特定顏色。

Paste 貼上
把拷貝下來的影像的某一部分，放置在另一個影像上，或者把某個影像覆蓋在另一個影像上。在Photoshop，大部分都使用圖層來完成這項功能。

Peripherals 外接裝置
連接到電腦的周邊裝置，如掃描器、印表機、CD/DVD燒錄機等。

Photoshop
全球最知名的影像編輯軟體，Adobe公司產品，適用於Mac和Windows作業系統。

Pigment ink 顏料墨水
噴墨印表機使用的一種墨水，它的檔案特性比染料墨水更好，常被用來列印展覽、藝術和限量版的影像作品。

Pixel 畫素
從「picture element」這兩個英文單字合併而來。這是數位影像的基本單位，就像馬賽克的瓷磚。影像的畫素愈多，解析度和品質也愈高。

Plug-in 增效模組(Photoshop)附加元件
指的是一種程式，可以搭配不同廠商推出的應用程式使用。例如，Photoshop就有很多增效模組。

Quadtone 四色調
包含四種不同色調的影像——黑白照片可以用這種影像模式來染色。

RAM
隨機存取記憶體——電腦的主要記憶體，存有程式指示和資料，可供中央處理器(CPU)使用。RAM愈大，電腦的運作愈快。

RAW
較精密的數位相機所使用的一種檔案格式，讓使用者可以記錄相機拍攝下來的所有細節。如果拍攝的是RAW檔影像，必須先加以處理，然後才能編輯。

Resolution 解析度
數位影像的細節數量，用每一吋有多少畫素來表示，或者，以照片來說，每一吋有多少點。數字愈高，解析度就愈高，影像品質也愈好。

RGB image mode RGB影像模式
這種影像模式使用紅、綠、藍三種顏色的色版。每一個色版都擁有256個值，影像中的所有色彩都是把它們作各種不同的組合而形成。

RIP 光柵影像處理器
很多數位印表機都使用光柵影像處理器(Raster Image Processor)來列印大張的照片。

Sabatier effect 薩巴帝爾效果
攝影影像如果在顯影過程中讓它曝光，就會出現影像部分色調反轉的情況——這種效果可以使用Photoshop製造出來。

Selection 選取
用畫面選取(Marquee)或套索(Lasso)這類工具，把影像的某個部位分離出來，讓使用者可以對它進行處理，而不會影響到影像的其餘部位。

Scratch disk 虛擬記憶體
電腦硬碟的一部分，當使用者在處理一個影像時，這可以作為隨機存取記憶體的延伸。外接硬碟也可以被當作虛擬記憶體來使用。

Shadow 陰影
影像中最暗的部分。

Sharpening 銳利化
增加畫素之間的對比，如此一來，這個影像看來會更銳利。

Split toning 分割色調
替黑白影像染上一種以上的顏色——像是在亮部是深褐色，在陰影是藍色。

Thumbnail 小圖示
一個影像的縮小版，占據較小的記憶體，且開啟很快——用來指引大圖或原圖，方便建檔。

TIFF 標籤圖像文件格式
原文為Tagged Image Format File，這是數位影像最常見的檔案格式，高解析度，可以被大部分的作業系統和應用軟體接受。當你拷貝TIFF檔時，不會損失任何資料。

Toning 染色
替一張黑白影像加進一種顏色。

Tritone 三色調
含有三種不同色版的影像——雙色調則只有兩種色調。

TWAIN
這是一種全球通用的軟體標準，可讓Photoshop這類應用軟體從數位相機或掃描器取得影像。TWAIN的原文是Toolkit Without An Interesting Name。

Unsharp Mask 遮色片銳利化調整，USM
雖然這個名詞看來會讓人覺得困惑，但這指的是很精密的銳利化濾鏡，將一個影像的輕微柔和負片版本和原始正片結合起來，

USB 通用序列埠
通用序列埠(Universal Serial Bus)是一種連接埠，讓你可以把多種裝置連接到電腦，以達成快速的資料傳輸。

White balance 白平衡
數位相機的一種設定，允許你調整色調，以配合不同的光線情況，和避免產生色差。

Windows 視窗
全球最廣泛使用的個人電腦(PC)作業系統，微軟(Microsoft)公司的產品。

Index
索引

Photoshop Toolbox 工具箱

本書從頭到尾，我可能提到Photoshop工具箱數百次之多，同時也提到它所含的很多工具。這些都是任何一位數位攝影人最常用的──沒有它們，可能什麼事也幹不了。一開始，你可能會因為範圍太廣而搞迷糊了，也不知道如何找到它們，最重要的則是，要如何使用它們來幫助你。為了協助你克服這些困難，以下介紹完整的工具箱。可能會因為Photoshop版本不同，而使你找不到其中某些工具，或者，你擁有的一些工具並沒有在這兒出現。如果你有所懷疑，可以打開Photoshop，然後前往說明＞Photoshop說明(Help＞Photoshop Help)，就會找到對每一個工具的說明，以及告訴你如何找到它們。

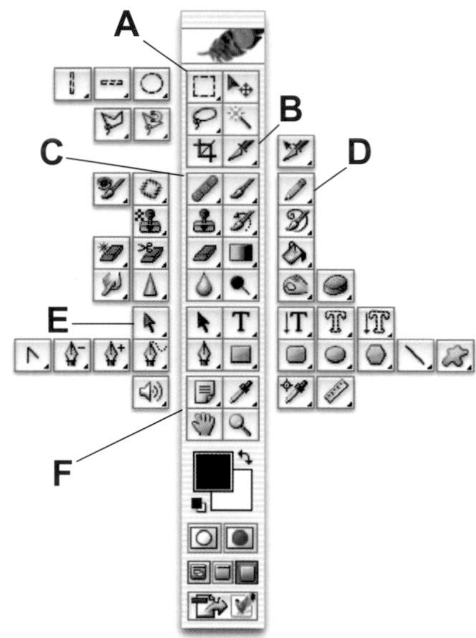

A─選取工具
- ●矩形選取畫面工具 (M)
- 橢圓選取畫面工具 (M)
- 垂直單線選取畫面工具 (M)
- 水平單線選取畫面工具 (M)
- ●移動工具 (V)
- ●套索工具 (L)
- 多邊形套索工具 (L)
- 磁性套索工具 (L)
- ●魔術棒工具 (W)

B─裁切與切片工具
- ●裁切工具 (C)
- ●切片工具 (K)
- 切片選取

C─修整工具
- ●污點修復筆刷工具 (J)
- 修復筆刷工具 (J)
- 修補工具 (J)
- 紅眼工具 (J)
- ●仿製印章工具 (S)
- 圖樣印章工具 (S)
- ●橡皮擦工具(E)
- 背景橡皮擦工具 (E)
- 魔術橡皮擦工具 (E)
- ●模糊工具 (R)
- 銳利化工具 (R)
- 指尖工具 (R)
- ●加亮工具 (O)
- 加深工具 (O)
- 海綿工具 (O)

D─筆刷工具
- ●筆刷工具 (B)
- 鉛筆工具 (B)
- 調色取代工具 (B)
- ●步驟記錄筆刷工具 (Y)
- 藝術步驟記錄筆刷工具 (Y)
- ●漸層工具 (G)
- 油漆桶工具 (G)

E─繪圖與文字工具
- ●路徑選取工具 (A)
- 直接選取工具 (A)
- ●筆型工具 (P)
- 創意筆工具 (P)
- 增加錨點工具 (P)
- 刪除錨點工具 (P)
- 轉換錨點工具 (P)
- ●水平文字工具 (T)
- 垂直文字工具 (T)
- 水平文字遮色片工具 (T)
- 垂直文字遮色片工具 (T)
- ●矩形工具 (U)
- 圓角矩形工具 (U)
- 橢圓工具 (U)
- 多邊形工具 (U)
- 直線工具 (U)
- 自訂形狀工具 (U)

F─備註，度量和導引工具
- ●備註工具 (N)
- 聲音附註工具 (N)
- ●滴管工具 (I)
- 顏色取樣器工具 (I)
- 度量工具 (I)
- ●手形工具 (H)
- ●縮放顯示工具 (Z)

●顯示預設工具
＊鍵盤捷徑顯示在括號內

想要選取某項工具，請採取以下其中一項動作：

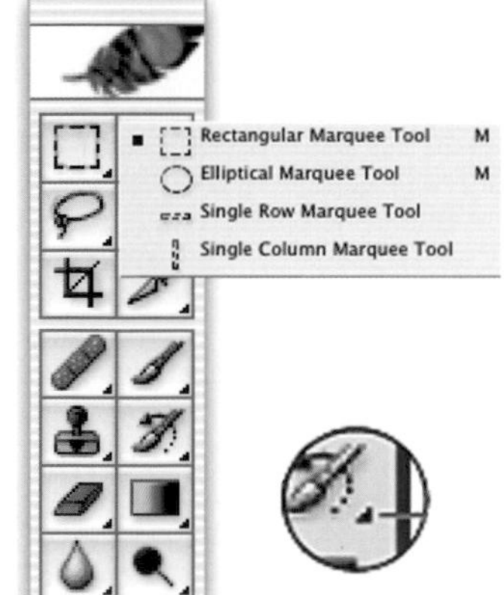

■點選工具圖示，如果圖示右下角有更小的三角形圖示，按住滑鼠就可看到隱藏工具。接著點選你要的工具。

■按下工具的鍵盤捷徑。鍵盤捷徑顯示在它的工具提示裡。例如，按住V鍵，就可選取移動工具。想要輪換隱藏工具，按住Shift，同時按下工具的捷徑。

選取工具：A.工具箱 B.工作中工具 C.隱藏工具 D.工具名稱 E.工具捷徑 F.隱藏工具三角形